Gaby S. Graupner

Schattensprünge

Gaby S. Graupner

SCHATTEN-SPRÜNGE

13 ANSTÖSSE, UM ÜBER SICH HINAUSZUWACHSEN

GOLDEGG VERLAG

Bildrechte Autorenfoto: Gaby S. Graupner
Bildrechte Umschlag: mopic – fotolia.com

Im Buch wird der Lesefreundlichkeit halber die männliche und weibliche Form abwechselnd verwendet. Wo es sich aus dem Inhalt nicht eindeutig anders ergibt, sind stets beide Geschlechter angesprochen.

Der Verlag und seine Autorin sind für Reaktionen, Hinweise oder Meinungen dankbar. Bitte wenden Sie sich diesbezüglich an verlag@goldegg-verlag.com.

Der Goldegg Verlag achtet bei seinen Büchern und Magazinen auf nachhaltiges Produzieren. Goldegg Bücher sind umweltfreundlich produziert und orientieren sich in Materialien, Herstellungsorten, Arbeitsbedingungen und Produktionsformen an den Bedürfnissen von Gesellschaft und Umwelt.

Gedruckt nach der Richtlinie des Österreichischen Umweltzeichens „Druckerzeugnisse", Druckerei Theiss GmbH, Nr. 869

MIX
Papier aus verantwortungsvollen Quellen
FSC® C012536

ISBN Print: 978-3-902991-00-3
ISBN E-Book: 978-3-902991-01-0

Friedrichstraße 191 • D-10117 Berlin
Telefon: +49 800 505 43 76-0

Goldegg Verlag GmbH, Österreich
Mommsengasse 4/2 • A-1040 Wien
Telefon: +43 1 505 43 76-0

E-Mail: office@goldegg-verlag.com
www.goldegg-verlag.com

Layout, Satz und Herstellung: Goldegg Verlag GmbH, Wien
Druck und Bindung: Theiss GmbH

Vorwort

Es ist sieben Uhr morgens und ich sitze am Esstisch. Die Sonne scheint herein, es ist ein wunderbarer Sommertag Anfang Juni. Nebenan schläft mein Enkelsohn Sam Lee und auch Oliver befindet sich noch im Reich der Träume. In gut zwei Stunden werde ich zum Bahnhof fahren. Heute steht ein Kundenbesuch am Bodensee an, es geht um ein größeres Training in den nächsten Monaten.

Das ist genau die Situation, in der ich behaupte, nicht schreiben zu können. Ich spüre den Druck, dass mein Zug pünktlich sein wird, dass mein Enkelsohn vorher noch aufstehen und frühstücken soll, damit er versorgt ist. Und der Verlag will das Vorwort, heute noch, wenn möglich, am Vormittag.

Ich sitze hier und weiß nicht, was ich schreiben soll. Diskussionen in den letzten Tagen ergaben, dass in einem Vorwort steht, worum es in dem Buch geht und weshalb die Autorin das Buch geschrieben hat. Wirklich gute Hinweise, doch mein Gehirn füllt sich überraschenderweise trotzdem nicht sofort mit wunderbaren Worten und den richtigen Sätzen.

Das ist der perfekte Moment, um über meinen Schatten zu springen. Was bedeutet dieser bilderbuchreife Satz? Was ist damit gemeint, über den eigenen Schatten zu springen?

Für mich bedeutet es, eine Aufgabe oder eine Herausforderung anzugehen, obwohl alles dagegenspricht, dass es klappen wird. In meinem Fall ist die Zeit zu knapp, es gibt vermeintlich Wichtigeres zu erledigen. Die anderen müssen auch nicht, schlimmer noch, sie dürfen noch schlafen, nur ich muss wieder arbeiten. Überhaupt, warum braucht ein Buch ein Vorwort? Es hat doch bereits eine Einleitung und wer ich bin, steht im Buch – fast in jedem Kapitel gibt es eine Geschichte über mich. Reicht das nicht?

So könnte ich jetzt wahrscheinlich Seite für Seite mit all den berechtigten Gründen, warum etwas nicht geht, füllen. Genauso gut kann ich aber die verbleibenden Minuten dafür verwenden, zu überlegen, wie es gehen könnte.

Egal ob ich in einem Seminar als Trainerin tätig bin oder ob ich mit Kollegen aus der Speaker- und Trainerbranche spreche oder mit Frauen und Männern aus meinem Bekanntenkreis oder meinen Netzwerken, immer wieder erlebe ich, wie meine Gesprächspartner oft minutenlang darüber sprechen, warum und wieso etwas nicht geht. Dabei stimmt jedes Argument. Jede Aussage hat seine Berechtigung und der Sprecher hat recht mit jedem Wort. Doch während mein Gegenüber spricht, stelle ich mir manchmal vor, meine Gesprächspartner hätten einen Kippschalter, auf den ich nur drücken müsste, um sie von dem „Es geht nicht"-Modus in den „Es geht"-Modus zu bringen. Dadurch könnte ich all die Zeit und all die Energie, die verwendet wird, um gute Gründe dafür zu finden, warum etwas nicht geht, umlenken, um darüber nachzudenken, wie es gehen könnte. Denn, und das ist das große Geheimnis, egal was Sie denken oder welche Gründe Sie finden wollen, der Aufwand ist tatsächlich der gleiche, nur das Ergebnis ist viel angenehmer. Und am Ende haben Sie immer recht.

Und das ist auch das Geheimnis in diesem Buch. Über seinen Schatten zu springen kostet genauso viel Energie, wie sich hinter seinem Schatten zu verstecken. Ich habe ein elektrisches Massagekissen, das solch einen Schalter hat, wenn ich ihn nach rechts drücke, massieren die Rollen im Kissen von oben nach unten, wenn ich ihn nach links drücke, massieren sie von unten nach oben. Jetzt kommt das letzte Geheimnis, das ich in diesem Vorwort verrate: Jeder von uns hat so einen Schalter. Wir können per Knopfdruck von oben nach unten oder von unten nach oben reagieren und dabei mit Schwung über unseren Schatten springen.

Ja, ich gebe zu, trotz des Wissens darum ist es nicht so einfach. Es stellen sich viele Fragen. Wo ist der Schalter genau und wie muss ich ihn drücken? Was mache ich, wenn er blockiert und nicht funktioniert? Wie gehe ich damit um, wenn mir andere Menschen oder spezielle Situationen dabei im Weg stehen? Was tue ich, wenn ich nicht die Kraft habe, den Schalter umzulegen?

Vor all diesen Fragen stand ich auch, immer wieder sogar. In diesem Buch erfahren Sie, wie ich es gemacht habe. Manche Tipps und Techniken sind ganz einfach, andere brauchen ein wenig Übung und das feste Ziel, etwas zu verändern, einen Schritt weiterzugehen. Meine Beispiele, Geschichten und Tipps sollen Ihre Kreativität anregen, eine Lösung für Sie zu finden. Diese kann ähnlich meiner Lösung sein, muss sie aber nicht, viel mehr soll es Ihnen zeigen, dass es einen Weg gibt – immer – um über den eigenen Schatten zu springen.

Wenn Sie heute in der Situation sind, dass Sie gerne noch etwas in Ihrem Leben bewegen wollen, erfolgreich ein Stück weitergehen, die kleinen und großen Waterloos besiegen, noch ein Stück mehr Zufriedenheit erreichen möchten, dann ist dieses Buch genau das Richtige für Sie.

Zeitungen und Zeitschriften berichten uns täglich, dass es uns noch nie so gut ging wie heute. Von wegen gute alte Zeit, in der alles viel mühsamer und viel härter war. Heute ist der ideale Zeitpunkt, um zu leben. Wir sind gesünder, werden immer älter, Maschinen nehmen uns schwere körperliche Arbeit ab, sogar für das Denken gibt es viele Apps, die uns dabei unterstützen. Und trotzdem kommen immer wieder diese Momente, in denen wir nicht zufrieden sind, gerne noch mehr erreichen wollen. Wobei es bei „mehr“ nicht immer um finanzielle Aspekte oder große Karriereschritte geht, sondern oft bedeutet „mehr“ einfach: anders als jetzt.

Die gute Nachricht zum Schluss: Der Wunsch nach „mehr“ steht Ihnen zu. Sie haben ein Recht darauf, über

Ihren Schatten zu springen. Machen Sie rege davon Gebrauch. Wie? Das lesen Sie ab den nächsten Seiten.

Ich glaube an Sie. Ich weiß, Sie werden es schaffen. Springen Sie über Ihren Schatten. Morgen, heute oder jetzt! Aber tun Sie es!

Übrigens, gerade ist es halb neun Uhr. Den Zug werde ich noch schaffen. Puuh, das ist gerade noch einmal gut gegangen. Ich freue mich!

Gaby S. Graupner

Inhaltsverzeichnis

1. Teil: Die Sprache der Schattenspringer

2. Teil: Die Gedanken der Schattenspringer

WAS BRAUCHT MAN, UM ÜBER SICH HINAUSZUWACHSEN?

„Du bist nichts, du kannst nichts und aus dir wird nie etwas werden“, das war der Satz, mit dem ich aufgewachsen bin. Mit einem solchen Mantra springt man erst einmal nicht über seinen Schatten, eher wird der eigene Schatten immer kleiner.

Doch es geht nicht darum, was mir zustößt. Es geht darum, wie ich damit umgehe. In den letzten 30 Jahren habe ich mich darum gekümmert, dass ich erfolgreich werde. Ausschlaggebend dafür war die Geburt meiner Tochter. Nach der Geburt war ich für fast ein Jahr in eine sehr schwere Kindbettdepression gefallen. Um zu überleben, brauchte ich professionelle Hilfe, die ich nach einigen Wochen auch in Anspruch nahm. Die Ursache war, stark vereinfacht ausgedrückt, meine Angst, für mein Kind keine liebevolle Mutter zu sein und meiner Tochter keine schöne Kindheit bieten zu können. Ich wollte auf gar keinen Fall in ähnliche Umstände geraten, wie ich sie als Kind erlebt hatte. Ich wollte erfolgreich werden. Wobei sich jetzt natürlich die Frage stellt: Was ist Erfolg überhaupt?

Vor Kurzem saß ich mit einem meiner Söhne in einem Café beim Frühstück und wir sprachen darüber, wie seine Pläne wären, die Meisterprüfung zu machen. „Weißt du, ich will vorläufig überhaupt keine Ausbildung zum Meister machen – auch wenn du das als Mutter jetzt nicht so gerne hörst.“ Er war der Meinung, dass ich Erfolg bei ihm an einem Meistertitel festmache. Im Laufe des Gesprächs konnte ich ihm vermitteln, was für mich Erfolg bedeutet: Erfolgreich bin ich dann, wenn ich die überwiegende Zeit meines Daseins zufrieden bin. Wenn ich abends im Bett liege und sagen kann: „Das war ein guter Tag für mich." Das heißt nicht, dass es nicht immer wieder Tage gibt, die nicht so laufen, wie ich es mir vorstelle, die gibt es – doch sie sollten nicht „normal" sein, sondern die Ausnahme. Und das gilt für alle meine Lebensbereiche, ob als Businessfrau, als Lebenspartnerin, als Elternteil, in meiner Freizeit, Gesundheits- und Fitnessgestaltung sowie bei meinen Hobbys und Interessen.

Dieses Buch wird Ihnen deshalb nicht sagen, wie Ihr Erfolg aussehen sollte – genauso wenig, wie ich meinem Sohn vorschreiben möchte, wie er in meinen Augen erfolgreich wird, möchte ich Ihnen sagen, wann Sie erfolgreich sind. Das entscheiden Sie ganz allein für sich. Nehmen Sie sich jetzt oder am Ende des Kapitels ein weißes Blatt Papier und definieren Sie für sich den Begriff „Erfolg". Achtung! Achten Sie darauf, dass es wirklich um Ihre Definition von Erfolg geht. Vera F. Birkenbihl hat dies einmal sehr treffend beschrieben, indem sie meinte, dass viele Menschen den Zielen anderer nachjagen. Sie spricht in diesem Zusammenhang nicht von der eigenen Meinung, sondern von den „Anderungen" vermeintlicher Vorbilder oder Vorsager. Wir machen ihre Meinung zu unserer, bis wir „aufwachen" und merken, nie unsere eigene Meinung gelebt zu haben, sondern eine „Anderung". Diese kann von unseren Eltern, von Lehrern, Tanten und Onkeln, Nachbarinnen stammen oder vererbte oder angenommene Glaubenssätze sein, oder, oder, oder. Doch hier geht es ausschließlich um Ihre Definition von Erfolg. Wie lautet sie?

Was brauchen Sie, um erfolgreich zu sein?

Die Meinungen dazu, was es für Erfolg braucht, sind unterschiedliche: Die einen meinen Talent, die anderen Glück, wieder andere glauben fest an eine gute Ausbildung, manch einer denkt, dass erfolgreich nur wird, wer einen entsprechend erfolgreichen Familienhintergrund vorweisen kann.

Schauen wir uns im ersten Schritt „den erfolgreichen Familienhintergrund" an. Nun, eines ist sicher, der Bildungserfolg hängt in Deutschland, besonders bei den Bildungsmöglichkeiten für Kinder und Jugendliche, stark vom Familienhintergrund ab. Dies wird im Deutschen Institut für Wirtschaftsforschung e. V in Berlin (DIW) im Zusammenhang mit einer Untersuchung zu diesem Thema mit folgendem drastischen Satz geprägt: *„Bildungserfolg hängt in Deutschland also stärker mit dem Familienhintergrund zusammen als ein weitgehend genetisch determiniertes Merkmal wie die Körpergröße"*, sagt Daniel Schnitzlein[1]. Ganz klar, mit einer starken Familie im Hintergrund haben Kinder und Jugendliche gute Chancen, Bildungserfolg zu erlangen. Dies bedeutet meiner Meinung nach kontinuierliche Motivation und konsequente Strenge, um am Lernerfolg dranzubleiben. Und besonders wichtig ist das lebendige Vorbild, sich weiterzubilden, zu lesen und sich interessiert über das Leben und seine vielen Facetten auszutauschen.

Wenn Sie also zurückblicken und feststellen, dass Sie eher aus bescheidenen Verhältnissen stammen und Ihnen deshalb wirklicher Erfolg verwehrt blieb, muss ich Sie enttäuschen. Es geht nicht darum, was Sie erlebt haben. Es geht darum, wie Sie damit umgehen.

Ihre Lern- und Bildungsmöglichkeiten hören nicht nach

dem 18. Lebensjahr auf – im Gegenteil, bei manchen beginnen sie da erst. Das ist nicht einfach, zugegeben – aber möglich.

Vor ein paar Jahren hatte ich den Auftrag, eine Mitarbeiterin für ein Callcenter zu suchen. Damals kamen viele Bewerberinnen und Bewerber über die Agentur für Arbeit (vormals Arbeitsamt genannt). Oft waren es Menschen reiferen Alters, die bereits viele Jahre Berufserfahrung in einem ganz anderen Fachgebiet hatten und diese Aufgabe nicht mehr erfüllen konnten oder wollten. So auch Margarete Sacher (Name geändert). Sie war mit einer ordentlichen Bewerbung ausgestattet und ihr Lebenslauf verriet mir, dass sie 25 Jahre als Krankenschwester gearbeitet hatte. Diesen Beruf konnte sie aus gesundheitlichen Gründen jedoch nicht weiter ausüben. Nun sollte sie ins Callcenter – 48 Jahre jung, angeschlagene Gesundheit. Ein ausführliches Gespräch ergab, dass Callcenter-Mitarbeiterin nicht ihr Traumberuf war. Im Laufe unseres Gesprächs erfuhr ich, dass sie als junge Frau gerne Buchhalterin geworden wäre, in ihren kühnsten Träumen hätte sie sogar gerne Steuerrecht studiert, aber – wie das Leben so spielt – sie durfte dies nicht und sollte Krankenschwester werden. Spontan sprach ich sie darauf an, dass sie jetzt genau das Gleiche tat wie vor 30 Jahren: Sie bewarb sich für eine Aufgabe, die sie nicht wirklich wollte – diesmal nicht von ihrem Vater bestimmt, aber vom Berater des Arbeitsamtes. Ich fragte sie: „Warum lernen Sie nicht Buchhaltung? Warum drücken Sie nicht nochmals die Schulbank und fangen von vorne an mit Ihrem Traumberuf?“ Ihre Gegenfrage war: „Rentiert sich das noch? Ich bin ja schon so alt.“ Nun, wenn alles gut ging, lagen noch siebzehn bis neunzehn Arbeitsjahre vor ihr, genaugenommen also fast genauso viele Berufsjahre, wie bereits hinter ihr lagen. Eine endlos lange Zeit, wenn sie dabei einer Beschäftigung nachging, die sie nicht wirklich wollte.

Unter Umständen wäre das auch der Beginn einer weiteren langen Krankheitsgeschichte – denn über Jahre einer Arbeit nachzugehen, die man nicht mag, macht sicherlich nicht gesünder. Sie war damals die letzte Bewerberin an diesem Tag, sodass sie fast zweieinhalb Stunden bei mir war. Sie verabschiedete sich mit den Worten: „Ich bin richtig glücklich! Obwohl Sie mir den Job nicht gegeben haben, war ich noch nie so froh nach einem Bewerbungsgespräch. Gleich morgen früh erkundige ich mich nach meinen Möglichkeiten, eine Ausbildung als Buchhalterin zu machen. Diese zweieinhalb Stunden bei Ihnen haben mir mehr gebracht als meine Therapie nach der Krankheit und die vielen Besuche bei meinem Arbeitsberater. Danke schön!" Mit einem Lächeln auf den Lippen verließ sie unser Büro und ich hatte den Eindruck, sie schwebte regelrecht über dem Boden. Später übernahm sie die Buchhaltung in einer großen Gesundheitspraxis.

Ich erinnere mich immer wieder gerne an dieses Erlebnis, weil es mir gezeigt hat, dass ein schwieriger Familienhintergrund den Bildungserfolg sicherlich nicht leichter macht, dass er aber irgendwann nicht mehr als Entschuldigung gilt und jeder lange die Möglichkeit hat, Neues zu lernen, auch einen neuen Beruf, und sich grundsätzlich jederzeit weiterbilden kann. Es gibt den zweiten und sogar den dritten Bildungsweg. Informationen dazu finden Sie jederzeit im Internet.

Doch wie sieht es mit den Erfolgsfaktoren Talent und Glück aus?

Wie viel Talent haben Sie?

Viele Menschen glauben, um wirklich erfolgreich zu werden, müssen sie Talent besitzen. Sie sagen: *„... aber Talent habe ich nicht, meine Eltern waren schon unmusikalisch oder unsportlich oder konnten nicht malen, zeichnen oder gar einen großen Roman schreiben. Ich bin also genetisch bedingt untalentiert ...“* Bewiesen wird die Aussage mit Beispielen wie *„Meine Mutter konnte schon nicht rechnen“* oder *„Mein Vater hatte auch immer eine Fünf in Deutsch, für Sprachen habe ich kein Talent“*. Damit befreien wir uns schnell einmal von der Verantwortung für unser Können bzw. Nicht-Können.

In dem Buch „Das Genie in uns“ zeigt uns David Shenk anhand von Londoner Taxifahrern und einem Experiment der Neurologin Eleanor Maguire von 1999, dass unsere Intelligenz genetisch bedingt, also angeboren und im Laufe des Lebens nicht veränderbar ist. Dabei meinte bereits 1909 der Erfinder des originären Intelligenztests, Alfred Binet: *„{Manche} behaupten, die Intelligenz eines Individuums sei eine konstante Größe, die man nicht steigern könne. Gegen diesen brutalen Pessimismus müssen wir Einspruch erheben ...“*

Ein Londoner Taxifahrer muss in einem Umkreis von zehn Kilometern um den Bahnhof von Charing Cross 20.000 Straßen kennen – die sind aber nicht strukturiert und als feinsäuberliches Gitternetz aufgebaut, sondern in 1.500 Jahren chaotisch gewachsen. Dabei enden sie meistens inmitten von Parks, an Denkmälern oder großen Privathäusern in Sackgassen. Wer also die Taxilizenz erhalten will, muss dieses Gewirr von Straßen auswendig lernen, das bedeutet, sich enzyklopädische Kenntnisse anzueignen. Dieses Wissen nennen die Inhaber des Londoner Taxigewerbes stolz „The Knowledge“. Maguire und ihr

Team erstellten nun MRT-Scans von Londoner Taxifahrern und stellten Folgendes fest: Im Vergleich der Gehirnscans mit jenen anderer Londoner war der hintere Hippocampus der Taxifahrer im Verhältnis beträchtlich größer. Grundsätzlich sagte der Befund überhaupt nichts über die Gene oder Talente aus – es bestand ja die Möglichkeit, dass eben Londoner mit einem größeren hinteren Hippocampus Taxifahrer wurden, das würde dann sozusagen ihrem Talent entsprechen. Anders wurde es, als die Neurologin Taxifahrer mit unterschiedlicher Berufserfahrung in das MRT-Gerät bat und feststellte, dass die Größe der Hippocampi im direkten Zusammenhang mit der Erfahrung des jeweiligen Taxifahrers stand: Je länger der Taxifahrer im Geschäft war, desto größer war sein hinterer Hippocampus. Maguire meinte deshalb: *„Unsere Daten legen die Vermutung nahe, dass die Veränderungen in den grauen Zellen der Hippocampi … erworben sind."* Zu genau den gleichen Ergebnissen kamen Forscher in den letzten Jahren bei Geigern, Lesern von Blindenschrift, genesenden Schlaganfallpatienten und Leuten, die Meditationsübungen machen. Bestimmte Teile des Gehirns reagieren auf bestimmte Erfahrungen und passen sich somit an, wachsen also oder reorganisieren sich. Dazu schrieb der Psychiater Leon Eisenberg von der Harvard University in einer Sammelrezension: *„Der Kortex hat eine bemerkenswerte Fähigkeit, sich nach Veränderungen der Umwelt umzubilden."*

Mit Veränderungen der Umwelt ist zum Beispiel das Training oder das intensive Üben gemeint. Die gute Nachricht ist also: Wenn Sie wirklich in einem bestimmten Bereich erfolgreich sein möchten, können Sie das, wenn Sie nur lange genug üben oder trainieren. Die schlechte Nachricht ist: Die Ausrede *„Ich kann das nicht, weil ich kein Talent dafür habe – schon vom Elternhaus her"* ist damit ad absurdum geführt. Jetzt heißt es, über den eigenen Schatten zu springen und das anzupacken, was immer für Sie wichtig ist, um Ihrem Bild von Erfolg gerecht zu werden.

Doch schauen wir uns zuvor noch eine Zutat an, die viele Menschen als Voraussetzung für ihren gewünschten Erfolg sehen.

Das Glück – wer hat es und wer nicht?

Das Glück im Sinne von „das große Los ziehen". Das Glück, genau die sechs richtigen Ziffern anzukreuzen, die uns zum nötigen Geldregen verhelfen. Das Glück, das uns zur richtigen Zeit am richtigen Ort mit dem richtigen Wissen sein lässt – das Glück, das einfach alles leichter macht.

Malcolm Gladwell zeigt in seinem Buch „Überflieger: Warum manche Menschen erfolgreich sind – und andere nicht", dass viele Menschen, bevor sie ihr Talent zum Einsatz bringen, erst einmal viel Glück hatten. Gladwell ist überzeugt davon, dass sich Erfolg nicht nur als Ergebnis persönlicher Anstrengung erklären lässt, sondern dass er immer etwas mit (glücklichen) Umständen zu tun hat. Eines seiner ersten Beispiele ist die kanadische Nationalmannschaft der Eishockeyspieler. Mitte der Achtzigerjahre entdeckte die Frau des kanadischen Psychologen Roger Barnsley beim genauen Studieren des Spielplans, dass die meisten Spieler dieses Spieltages in den Monaten Januar, Februar und März geboren waren. Im ersten Moment dachte Roger Barnsley, dass es sich vielleicht um einen Zufall handelte. Als er nach Hause kam, suchte er so viele Geburtsdaten von erfolgreichen Eishockeyspielern der letzten Jahre zusammen, wie er finden konnte. Am Ende sah er, dass in jeder beliebigen Auswahlgruppe der besten Eishockeyspieler 40% der Spieler in den Monaten Januar bis März geboren waren, 30% zwischen April und Juni, 20% zwischen Juli und September und 10% zwischen Oktober und Dezember.

Diese Statistik hat einen ganz einfachen Grund. Der Stichtag für die Zulassung zu einer Altersgruppe im Eishockey ist der 1. Januar. Also die Jungs, die im Januar zwölf Jahre alt werden, sind elf Monate älter als die Jungs, die im selben Jahr im Dezember zwölf Jahre alt werden. Da die Spieler für die Auswahlmannschaften bereits im Alter von neun und zehn Jahren ausgewählt werden, hat jeder Monat mehr Einfluss auf die Kraft, die Größe, die Beweglichkeit und das Koordinationsvermögen sowie auf manches mehr. Durch dieses Mehr an Lebenszeit und Reife gelten die Spieler als „talentiert". In den Auswahlmannschaften passiert dann das, was Eleanor Maguire und David Shenk beschrieben haben: Sie üben mehr, indem sie pro Saison 50 bis 70 Spiele absolvieren, im Gegensatz zu den Jungs, die in der „Hausliga" bei 20 Spielen pro Saison bleiben. Mit 13 oder 14 Jahren sind sie dann tatsächlich sehr viel besser, durch das viele Training und die Erfahrung im Spiel. Und jetzt wird natürlich die Chance, kontinuierlich weiterzukommen – erst in die Junior B-League und dann in die Profi-Ligen – viel größer. Je früher die Entscheidung getroffen wird, wer ein guter Spieler ist und wer nicht, durch den Altersunterschied definiert, wird daraus schnell von „talentierten" und „untalentierten" Spielern gesprochen und die „Talentierten" erfahren eine ganz andere Ausbildung als die „Untalentierten". Dabei entwickelt sich die Schere überproportional auseinander. Der Ausgangspunkt war jedoch, im richtigen Monat geboren worden zu sein. Einfach Glück gehabt!

Ja, zugegeben, mit Glück geht es einfach, doch zwei Aspekte haben mich immer getröstet, wenn ich mir nicht sicher war, ob ich gerade zu den Glücklichen gehörte. Der eine Aspekt ist ein Ausspruch des deutschen Profigolfers Bernhard Langer. Als er wieder ein großes Turnier gewonnen hatte, fragte ihn ein Journalist: *„Herr Langer, heute haben Sie aber unheimliches Glück gehabt, nicht wahr?"* Bernhard Langer antwortete etwas ironisch: *„Ja, das ist sehr seltsam. Ich habe das auch schon bemerkt: Je mehr ich übe, desto mehr Glück habe ich."*

Die gute Nachricht aus dem oben genannten Beispiel mit den Eishockeyspielern lautet: Auch 30% jener Profispieler, die in den „schlechten" Monaten geboren sind, haben „es geschafft". Wahrscheinlich lag ihr Glücksfaktor woanders, das zeigt aber auch, dass wir alle unsere Glücksmomente haben.

Seit Jahrhunderten, wenn nicht sogar seit Jahrtausenden streben die Menschen nach Erfolg. Deshalb gibt es viele Bücher zum Thema Erfolg. Viele handeln davon, wie Sie, liebe Leserin, lieber Leser, von 0 auf 100 kommen könnten. Andere wiederum definieren ganz klar, was Erfolg ist und wie Sie genau diesen Erfolg erreichen können. In meinem Buch gehe ich davon aus, dass Sie bereits einiges erreicht haben oder sich zumindest in einigen Lebensbereichen auf der Zielgeraden zum Erfolg befinden. Es geht darum, Sie mit effektiven, umsetzbaren und immer besonderen Anstößen eine oder zwei Stufen erfolgreicher zu machen. In dem Bereich, den Sie als Erfolg definieren.

Weiter vorn in diesem Kapitel habe ich Sie gebeten, zu definieren, was Erfolg für Sie bedeutet. Sicher haben Sie Ihren Erfolg für sich definiert, haben ein Bild oder eine Vision davon, wie Ihr Leben aussieht, wenn Sie ein oder zwei Stufen weiter sein werden. Doch damit Sie in die richtige Richtung über Ihren Schatten springen und sich von den für Sie passenden Anstößen das nötige Wissen aneignen und das richtige Tun zeigen lassen, sollten Sie vor Augen haben, welches Ziel mit diesem Sprung erreicht werden soll. Sie brauchen also ein klar definiertes Ziel. Wo stehen Sie und wo soll es hingehen? Soll es eine Stufe nach oben, nach vorn oder lieber nach rechts oder links gehen? Ist es ein großes Ziel für einen Lebensbereich oder sind es mehrere kleine Ziele für verschiedene Lebensbereiche?

Es kann natürlich sein, dass Sie sagen: *„So genau wollte ich mich da gar nicht festlegen, ich lasse mich überraschen,* *mich inspirieren – mal sehen, was sich ergibt.*" Das ist erlaubt – obwohl ich überzeugt bin, dass Sie in Ihrem Innersten schon eine Idee haben – vielleicht einen Wunsch, eine zarte Vision. Ich vergleiche das ganz gerne mit „in den Urlaub fahren". Manche Menschen haben ihre Reiseroute vom ersten bis zum letzten Kilometer geplant. Sie wissen genau, an welchem Ort sie ankommen, wo sie wohnen werden, wann die Sehenswürdigkeiten zur Besichtigung geöffnet sind, was sie essen und trinken werden. Jedes Detail hat seinen Platz und das ist gut so.

Andere begeben sich eher auf einen Überraschungsurlaub. Nichts ist festgelegt, alles soll auf sie zukommen. Sie wollen sich überraschen lassen, sind offen für Neues und Unbekanntes. Bloß nichts festlegen, es könnte ja sein, dass sie ansonsten die besten Abenteuer gar nicht erleben, weil sie zu sehr mit dem Abarbeiten ihres Planes beschäftigt sind. Das ist vollkommen in Ordnung. Obwohl ich glaube, dass bei Ihnen schon länger einige „Samenkörner" gepflanzt sind, vielleicht durch Reiseberichte von Freunden, Familie oder Büchern, die dann während Ihrer Reise aufgehen. Eines weiß ich aber ganz genau: Sie wissen, was Sie *nicht* wollen! Wenn Sie also noch kein klares Ziel definieren wollen – notieren Sie einfach, was Sie in Zukunft nicht mehr wollen. Das fällt uns oft sehr viel leichter, als zu sagen, wo wir hinmöchten. Doch was auch immer anders werden soll, es muss sich etwas verändern. Und Sie werden dabei das eine oder andere Mal über Ihren Schatten springen.

Was hindert uns oft daran, über unseren Schatten zu springen?

Was hat mich viele Jahre daran gehindert, über meinen Schatten zu springen? Im Grunde hatte ich immer eine Vision davon, was ich in den unterschiedlichen Lebensbereichen erreichen wollte, manchmal sogar ein ganz klar definiertes Ziel. Oft wusste ich nur nicht, wie ich meine Vorstellungen und Träume in die Realität umsetzen konnte. Oder scheiterte an den einfachsten Sachen.

So war es zum Beispiel, als ich kurz vor dem letzten Jahr der Wirtschaftsschule als Datentypistin in einer Großbäckerei anfing. Jeden Abend wurden von den einzelnen Filialen die Bestelllisten im DIN A3-Format in die Zentrale gebracht und von den dortigen Innendienstdamen eingegeben. Der Großrechner war ein Nixdorf 8850 und die Daten wurden an den einzelnen Monitoren mittels der Tastatur eingegeben. Schnell erlernte ich das Fünffingersystem am Zahlenblock der Tastatur. Der Arbeitsprozess wurde folgendermaßen umgesetzt: Eine Mitarbeiterin gab die Zahlen ein und eine Kollegin übernahm die Prüfung der eingegebenen Daten. Ich hatte viel Freude bei dieser Aufgabe und war sehr begeistert von der Technik und den Möglichkeiten, die so ein Datenerfassungssystem bot. Nach einigen Monaten durfte ich bereits das Controlling durchführen und als Prüferin arbeiten. Aber es gab eine weitere Steigerungsmöglichkeit. Eine Kollegin war als Operator tätig. Das heißt, sie war für die Sicherung der Daten auf Band verantwortlich und musste zum Beispiel in regelmäßigen Abständen die Sicherungsbänder tauschen. Außerdem legte sie die Strukturen für die neuen Datenordner an, vergab die Namen für die Ordner und wurde natürlich auch gerufen, wenn sich das System aufhängte und eine Eingabe nicht mehr möglich war. Darüber hinaus gab es noch viele weitere Aufgaben, die nur von dieser

Kollegin ausgeführt werden durften. Sie war damals mein absolutes Vorbild. Kurze Zeit nachdem ich mit diesem neuen Job angefangen hatte, nahm ich mir fest vor, dass ich, genauso wie sie, als Operator tätig sein wollte. Ich bewunderte an ihr, neben ihrem technischen Geschick, dass sie immer ruhig und gelassen mit technischen Problemen umging und nie hysterisch wurde, wenn einmal Daten scheinbar nicht auffindbar waren oder andere Störungen die Mitarbeiterinnen vom Arbeiten abhielten. Während wir laut schnatternd zusammenliefen, behob sie die Ursachen des Problems. Selten brauchte sie dazu die Hilfe unseres Chefs und des IT-Leiters. Nach ungefähr neun Monaten hatte ich so viel dazugelernt, dass ich sie bei Krankheit oder Urlaub vertreten durfte. Ich war sehr stolz auf mich und hatte unglaublich viel Motivation und Freude, diese Aufgabe durchzuführen. Doch eines war auch klar, das Unternehmen brauchte nur einen Operator und deshalb würde ich immer nur die Vertretung sein. Außerdem gab es für einen Operator im klassischen Sinne noch viel mehr Aufgaben und deshalb motivierten mich die Kolleginnen und auch mein damaliger Chef, mich für eine Traineestelle zu bewerben. Damals wurden viele Mitarbeiter in diesem Aufgabenfeld gesucht. So probierte ich es und wurde tatsächlich zum Bewerbungsgespräch eingeladen. Es war ein sehr angenehmes Gespräch und man zog mich in Erwägung. Aber außer dem Bewerbungsgespräch sollte ich noch an einem Test teilnehmen. Auch dazu erklärte ich mich gerne bereit. Einige Tage später fand dieser Test statt, zu über 80% mit Mathematik- und Logikaufgaben. Ich fiel mit Pauken und Trompeten durch. Ich hatte den Abschluss einer Wirtschaftsschule und viele dieser mathematischen Aufgaben hatte ich vorher noch nie gesehen, geschweige denn Übung darin, sie schnell und zügig zu bearbeiten. Aber es kam noch schlimmer. Mit diesem Ergebnis, so meinte der Personalreferent, bräuchte ich mich auch gar nicht bei anderen Firmen zu bewerben, weil gute Mathematikkenntnisse eine grundlegende Voraussetzung für eine Traineestelle als Operator seien. Das bisschen Operatorspielen in meiner derzeitigen Firma nütze mir da auch nichts, so sein Kommentar. Damit war ich wieder zurück auf dem Boden der Tatsachen und mein Mantra „Du kannst nicht ..." kam mir wieder in den Sinn ...

Was hindert Sie? Geht es Ihnen heute ähnlich? Oder bleibt Ihnen der Erfolg, den Sie in einem Lebensbereich gewohnt sind, in einem anderen Lebensbereich verwehrt? Sind Sie zum Beispiel auf der einen Seite eine erfolgreiche Mutter – liebevoll, geduldig, kreativ, durchsetzungsstark –, aber im beruflichen Erfolg eher verhalten, still und fantasielos? Oder Sie sind im beruflichen Kontext mit Volldampf auf der Überholspur, dafür zuckeln Sie in Ihrem Privatleben eher ganz rechts außen, praktisch schon auf dem Standstreifen? Woran liegt das? Vielleicht fehlt Ihnen ja nur ein wesentlicher Anstoß, eine wichtige Technik, eine große Kleinigkeit, um ihren Erfolgsweg weiterzugehen – das Wissen, wie Sie es schaffen, über Ihren Schatten zu springen.

Zum Beispiel, als ich 14 Jahre jung war, hatten wir Probleme, die Miete zu zahlen und deshalb wollte ich so schnell wie möglich einen Job, um Geld dazuzuverdienen. Ich bewarb mich als Kellnerin in einem großen Bierkeller. Trotz der gesetzlichen Verbote wurde ich sofort angestellt. Personal war knapp und ich sah nett, aber auch viel älter aus und mein damaliger Chef meinte, ich sollte mich nicht erwischen lassen. Ich arbeitete dreimal bis viermal in der Woche nach der Schule bis ein Uhr nachts.

Mein erster Arbeitstag begann. Ein Bierkeller zeichnet sich dadurch aus, dass er viele Biersorten anbietet. Allen voran Weißbier und Helles. Das waren die meistverkauften Biersorten in dieser Gaststätte. Deshalb bekamen die Kellner, also auch ich, zu Beginn unserer Schicht Biermünzen, eckige und runde. Die eckigen waren für Weißbier und die runden für Helles.

Nach einer kurzen Einweisung begann ich, die ersten Gäste zu bedienen. Ich nahm die Bestellungen auf, tippte sie in die Kasse, legte den Bon in die Küche oder an die Bar und lieferte die Bestellungen aus. So weit, so gut. Nur bei den beiden Biersorten war es anders. Wenn jemand ein Weißbier oder ein Helles bestellte, griff ich beim Ausschank in meine Serviceschürze, holte eine Münze heraus, bekam ein Bier und brachte es dem Gast. Wie bei einem Zufallsgenerator bekam er das richtige Bier oder auch nicht. Entsprechend waren die Reaktionen der Gäste. Bekam ein Gast das falsche Bier, reagierte er entweder mit „passt scho“ oder „des wollt’ i net, aber jetzt gebn’s scho her“ oder er bestellte ein ganz anderes Bier, da ich ihm den Appetit auf die ursprüngliche Bestellung verdorben hatte. Je mehr die Gäste schimpften, desto verwirrter wurde ich.

Meine Kolleginnen, meistens gestandene bayerische Kellnerinnen, fingen an zu tuscheln. Sie hielten mich für blöd, für nicht fähig, mir zu merken, welche Marke für welche Sorte galt. Was keiner wusste: Ich hatte keine Ahnung, dass diese beiden Biersorten unterschiedlich waren. Das lag vor allem daran, dass Bier für mich etwas ganz Schlechtes war. In meiner Familie gab es ein großes Alkoholproblem, sodass ich einen weiten Bogen um alles machte, was mit Bier zu tun hatte. Aber ich brauchte den Job und in der Not frisst der Teufel Fliegen. Kurz bevor der erste Gast den Chef sprechen wollte, kam ein junger Kollege zu mir und nahm mich beiseite. Er war kurz vorher aus der DDR geflohen und noch nicht lange in diesem bayerischen Lokal angestellt. Er hatte als Einziger mein Problem erkannt und erklärte mir in tiefstem Sächsisch den fundamentalen Unterschied zwischen Weißbier und hellem. Dieser besteht, auch wenn die beiden Namen vermuten lassen, dass es sich um ein ähnliches Bier handelt, zumindest in meiner Welt.

Zwei Dinge habe ich daraus für mein Leben mitgenommen. Ich liebe den sächsischen Dialekt außerordentlich und freue mich immer, wenn ich das Vergnügen habe, ihn zu hören und ich gehe nie davon aus, dass aus meiner Sicht einfache Zusammenhänge oder Erklärungen auch meiner Gesprächspartnerin oder meinem Gesprächspartner automatisch verständlich sind.

Zurück zu meinen Träumen. Okay, manchmal waren diese Vorstellungen und Ziele ganz tief in mir vergraben, weil ich gelernt hatte, realistisch zu sein. (Siehe die ersten Worte dieses Kapitels.) Oder mein Traum schwebte wie die sprichwörtliche Mohrrübe immer vor meiner Nase und jedes Mal, wenn ich sie fast erreicht hatte, sprang sie ein paar Zentimeter weiter und wieder war das Glück zum Greifen nah – nah, aber eben doch nicht ganz erreicht.

Vielleicht denken Sie auch: „Never change a running system", es läuft doch ganz gut. Schon Ihre Mutter hat gesagt: „Wenn es dem Esel zu wohl wird, geht er aufs Eis tanzen".

„Und fällt auf die Nase ...", hängen Sie in Ihren Gedanken automatisch dran. Oder Sie vergleichen sich mit Menschen, denen es nicht so gut geht wie Ihnen. Im Verhältnis zu denen sind Sie doch bereits weit gekommen. Warum etwas riskieren?

Wenn ich zum Beispiel an diesem Buch arbeiten sollte und wollte, fiel mir oft auf, was es alles in meinem Haushalt zu tun gab. Da lag die Bügelwäsche oder dieses Schränkchen in der Küche hatte ich schon lange nicht mehr aufgeräumt und gereinigt. Das wäre jetzt, in diesem Moment, gerade sehr wichtig. Im Vertrauen, liebe Leserinnen und Leser, Hausarbeit ist nicht meine Top-Priorität, aber sehr praktisch, um mich abzulenken. Was ist es bei Ihnen? Gerade wieder so viel zu tun im Büro? Im Unternehmen? Im Haus? Im Garten?

Was bedeutet es überhaupt, über seinen Schatten zu springen?

Was bedeutet es genau, über seinen Schatten zu springen, über sich hinauszuwachsen? Eine schöne Erklärung kommt von Oliver[2] *„Der Schatten ist ein fester Bestandteil von dir. Er folgt dir immer da hin, wo du bist – er ist nie mehr als fünf Meter vor dir. Mal angenommen, du würdest über deinen Schatten springen, dann würdest du über das springen, was du derzeit bist. Der Spruch meint also etwas Positives: Verändere dich bzw. überwinde dich. Dein Gesprächspartner traut dir bei diesem Spruch zumindest zu, dass du es schaffen kannst."*

... dann würdest du über das springen, was du derzeit bist ...

Meiner Meinung nach ist dieser letzte Auszug ein wunderbarer Ausspruch. Es geht nicht darum, von 0 auf 100 zu kommen, sondern vielmehr darum, von dort, wo jeder Einzelne bereits auf der eigenen Erfolgsleiter angekommen ist, weiterzukommen. Das heißt jeder, der dieses Buch in die Hand nimmt, kann noch ein Stückchen über sich hinauswachsen, wenn er will. Es zeigt verschiedene persönliche Grenzen auf und wie diese gesprengt werden können. Dabei geht es um viele kleine Gewohnheiten (Schattengrenzen), die uns daran hindern können, über den eigenen Schatten zu springen. Anhand von persönlichen Geschichten, Anekdoten und Metaphern biete ich Ihnen, liebe Leserin, lieber Leser, die Möglichkeit, sich diesen Gewohnheiten zu stellen und einen Sprung heraus zu wagen.

... dein Gesprächspartner traut dir bei diesem Spruch zumindest zu, dass du es schaffen kannst ...

Diesen sehr motivierenden Satz übernehme ich gerne. Ja, ich glaube fest daran, dass Sie über Ihren Schatten springen können. Jede und jeder von Ihnen, liebe Leserinnen und

Leser! Ich habe es geschafft und schaffe es immer wieder neu und Sie schaffen es auch! Dabei geht es nicht darum, immer mehr Erfolg haben zu müssen, also weiter, höher, größer oder ein Millionär, eine Milliardärin oder ein Star zu sein und all die vielen Synonyme der Superlativen zu erreichen, sondern es geht mehr darum, Ihr vorhandenes Potenzial ins rechte Licht zu rücken, Ihnen den Rücken zu stärken und Ihnen die vielen kleinen und großen Wege zu zeigen, wie Sie noch mehr persönliche Zufriedenheit und persönlichen Erfolg – was immer das für Sie bedeutet – erreichen.

Für jeden bedeutet dieser persönliche Erfolg etwas anderes. Sie kennen sicherlich eine Reihe von Menschen, die über ihren Schatten gesprungen sind. Ob das der junge, gemütliche und runde Mann ist, der sehr gerne isst und mit seinen Freunden zusammensitzt und mit Sport überhaupt nichts anfangen kann. Eines Tages schafft er einen Marathon und läuft als einer der ersten fünfundzwanzig ins Ziel.

Oder wie eine Nachbarin von mir, die zwar ausgezeichnet kochen und backen konnte, jedoch dieses Talent nie zum Beruf gemacht hatte, da sie früh geheiratet hatte und gleich Kinder bekam. Eines Tages wurde sie Tupperwareberaterin und ihr Mann sorgte sich ums Haushaltsgeld, denn dieses Hobby kostete seiner Meinung nach doch nur Geld. Doch nach einiger Zeit verfügte sie über einen großen Firmenwagen und betreute zweihundert weibliche und männliche Tupperberater.

Oder der Junge, dem sein Deutschlehrer in der 5. Klasse sagte, dass er mit seiner Sechs in Deutsch nie das Abitur schaffen würde. Später wurde er Leiter der Schülerzeitung, machte sein Abitur und ist heute als Unternehmer immer noch für die Marketing- und PR-Texte seines Unternehmens zuständig.

Oder das junge Mädchen, das nebenan immer still und verträumt im Garten saß. Sie war so zart und feingliedrig, dass alle dachten, dass sie sicherlich einen Mann heiraten würde, der sie auf Händen durchs Leben trägt. Bis zu dem Tag, als sie als Entwicklungshelferin nach Äthiopien ging und immer, wenn wieder eine Schule gebaut wurde, kräftig mit anpackte.

Oder der Junge, dessen Lehrerin meinte, dass er nie lesen und schreiben lernen würde und deshalb auch keinen Schulabschluss schaffen würde. Heute ist er Handwerksgeselle und jeder Kunde, für den er einmal gearbeitet hat, fordert explizit immer wieder ihn an. Er hat neben dem Lesen und Schreiben auch gelernt, wie wichtig genaues und sauberes Arbeiten in seinem Beruf ist und übertrifft deshalb immer die Erwartungen seiner Auftraggeber.

Oder die Frau, die nach ihrer Ausbildung geheiratet hat, Kinder bekam und die Familie umsorgte und dabei ihrem Mann immer den Rücken freihielt, bis zu dem Tag, an dem er auf der Straße verunglückte und sie die Firma übernehmen musste. Mittlerweile hat sie sogar eine Niederlassung in Asien eröffnet.

Was immer Erfolg für Sie bedeutet, dieses Buch soll Ihnen den nötigen Schubs geben, um über Ihren Schatten zu springen. Sodass Sie, wenn Sie abends im Bett liegen und sagen können: *„Heute war ein guter Tag!“*

Lassen Sie uns losspringen …

TEIL I

Die Sprache der Schatten-springer

1. Anstoß: Wieso Ihr Glück von Ihrer Sprache abhängt

Wenn es nur eine Sache gäbe, die Sie tun dürften oder könnten, um Ihren persönlichen Zielen etwas näher zu kommen oder sie sogar ganz sicher zu erreichen, dann wäre ein sicherer Schritt die Erweiterung Ihres Wortschatzes und dessen bewusster Einsatz.

Wie Sie seit dem ersten Kapitel schon ahnen, war meine Kindheit nicht so einfach. Aber es gibt zwei Erlebnisse, die sie nachhaltig positiv geprägt haben. Aufgrund der Glaubensgemeinschaft, der meine Familie angehörte, war ich in meiner Kindheit nicht ganz so beliebt. Der Haarschnitt, den meine Mutter mir verpasste und die, ich drücke es mal vorsichtig aus, unmodische Kleidung, die ich trug, führten dazu, dass ich von den Klassenkameraden gemobbt wurde. Doch ich war davon überzeugt, meine Glaubensbrüder und -schwestern bei jeder Gelegenheit verteidigen zu müssen, ganz besonders im Biologieunterricht, wo Darwin und seine Lehre für die Religionsgemeinschaft das Böse und Adam und Eva das Nonplusultra waren. Und so fing ich bei jeder passenden Gelegenheit eine Diskussion mit meinem Lehrer an, der mich einige Jahre in den Naturwissenschaften begleitete, und ich hatte mächtig Glück. Er schmetterte meine Einwürfe nicht einfach ab oder drohte mir mit Sanktionen, wenn ich weiterhin den Unterricht mit meiner unmaßgeblichen Meinung störte, sondern er verabredete sich mit mir in den Pausen oder Freistunden zu ausgiebigen Diskussionen. Dies hatte gleich doppelten Nutzen, es förderte meine Rhetorik- und Analysefähigkeiten und schützte mich vor der Verfolgung so mancher Mitschüler.

Das zweite Erlebnis hatte mit der Religionsgemeinschaft meiner Familie zu tun. In dieser war es nämlich üblich, von

Tür zu Tür zu gehen und von seinen Überzeugungen zu erzählen und die angetroffenen Gesprächspartner zu überreden, ein Buch der Glaubensgemeinschaft zu lesen oder eine ihrer Versammlungen zu besuchen. Der eine oder die andere von Ihnen hat dies sicherlich persönlich schon einmal erlebt und wahrscheinlich haben Sie genauso wie die meisten unserer Gesprächspartner reagiert und mehr oder weniger höflich „nein, danke“ gesagt. Nun war es üblich, dass die Brüder oder Schwestern nie allein unterwegs waren. Wir waren immer zu zweit. Das diente auch zum Schutz des Einzelnen. Als ich vierzehn wurde, fing ich an, diesen „Predigtdienst“ mitzumachen, besser gesagt, ich war unglaublich stolz darauf. Es gab eine Schwester Renate, die bereit war, mich mitzunehmen. Nachdem ich ihr einige Male zugehört hatte, wollte ich es selbst probieren. Sie ließ mich gewähren. Die beiden größten Herausforderungen bei dieser Tätigkeit sind: Ist überhaupt jemand zu Hause und öffnet die Tür und sind meine Vorstellung und meine Antworten auf die Reaktionen des Gesprächspartners so gut, dass wir ins Gespräch kommen? Natürlich blieben viele Türen geschlossen, da die Bewohner schlichtweg nicht da waren. So, dass jede geöffnete Tür ein Glücksfall war und gut genutzt werden sollte. Als sich meine erste Tür öffnete, legte ich sofort mit meiner Vorstellung los und war bass erstaunt, als ein „Nein, danke“ kam. Da mir keine passende Reaktion einfiel, war die Tür schneller wieder zu, als ich bis drei zählen konnte. Renate tröstete mich und machte mir Mut, es erneut zu versuchen. Nächste Tür, nächster Versuch. Das gleiche Spiel wieder. Als diesmal das „Nein, danke“ kam und ich neuerlich verdattert dastand, trat Renate blitzschnell einen Schritt nach vorn und schaffte es, die Bewohnerin in ein angeregtes Gespräch zu verwickeln. Das ärgerte mich kolossal – nicht, dass sie in die Bresche gesprungen war, sondern, dass sie das konnte und ich nicht. Wie machte sie das? Was waren ihre Worte? Welche Redewendungen verwendete sie? Ich war gleichermaßen verärgert wie verwundert. Damals habe ich zum ersten Mal bewusst registriert: Wenn ich gut reden kann, kann ich mehr erreichen.

Dieses Erlebnis und meine Gespräche mit dem Biologielehrer zeigten mir, dass eine erfolgreiche Sprache mein Leben bedeutend leichter gestaltete. Solange ich spannende Geschichten und eine echte Meinung hatte, war mein Lehrer bereit, mit mir zu sprechen. Sobald ich auf einen Einwand eines Gesprächspartners an der Tür richtig reagierte, kam es zu einem eingehenderen Gespräch und ich hatte zum ersten Mal so etwas wie ein Erfolgserlebnis. Je länger das Gespräch dauerte – womöglich nahm mir mein Gegenüber am Ende sogar ein kleines Heftchen ab –, desto größer war mein Erfolgserlebnis. Mit 18 Jahren konnte ich diese Religionsgemeinschaft verlassen, doch wie immer hat auch ein falscher Weg seine positiven Aspekte.

Die Gewandtheit unserer Ausdrucksweise steht in direktem Zusammenhang mit unserem Erfolg. Besonders beim ersten Eindruck spielt unsere Sprache, die Art und Weise wie wir sprechen und die Art und Weise wie wir uns ausdrücken, eine sehr große Rolle. Jeder von uns weiß das, deshalb zeigen wir ganz unterschiedliche Sprechweisen, wenn wir mit Menschen reden. Wir haben verschiedene Sprachen für verschiedene Gesprächspartner oder Gesprächssituationen.

Das Telefon klingelt. Sie sitzen mit Ihrem Partner in einem Raum, er meldet sich und hört zu. Sie horchen neugierig auf und möchten wissen, wer dran ist. Dann antwortet er und Sie wissen sofort, wer der Anrufer ist. Nicht, weil ein Name gefallen ist oder ein Stichwort, das den Anrufer identifizieren würde, nein – Sie erkennen es einfach nur an der Art und Weise wie Ihr Partner spricht. Sie wissen sofort, ob es seine Mutter ist, ein wichtiger Kunde oder eine gute Freundin. Im Laufe der Jahre haben wir gelernt, mit unterschiedlichen Menschen unterschiedliche Sprachen zu sprechen. Einer guten Freundin möchten wir in unserer Sprechart zeigen, dass wir uns freuen, sie zu hören. Wir lächeln, unsere Augen strahlen und unsere Körperhaltung ist offen, das überträgt sich auf unsere Stimme, die dabei eine Spur heller und leichter wird. Unserem Kunden gegenüber signalisieren wir höchste Aufmerksamkeit und echtes Interesse an seinen Informationen. Wir stellen oder setzen uns aufrecht hin und geben kurze Töne oder zustimmende Wörter wie „hm, ja, aha, interessant" von uns. Durch die aufrechte Haltung wird unsere Stimme klarer und ausdrucksstärker. Meistens machen wir das ausgesprochen intuitiv und sind dabei erfolgreich. Wir stellen unsere Art zu sprechen richtig auf unseren Gesprächspartner ein. Aber mit unserer Sprache haben wir noch sehr viel mehr Möglichkeiten.

Als Referentin auf vielen Bühnen schaue ich mir natürlich meine Kolleginnen und Kollegen, die wie ich von Vorträgen leben, immer wieder gerne an. Und schon nach den ersten fünf Sätzen weiß ich, ob das für mich ein guter Vortrag wird oder nicht. Eine klare, feste und tragende Stimme hat, unabhängig von den Worten, eine ganz andere Wirkung als eine schrille, leise oder unsichere Stimme. Ich vorverurteile sofort den ganzen zu erwartenden Vortrag. Und je schlechter mein Vorurteil ausfällt, desto schwerer hat es der Vortragende, mich im Laufe seiner Ausführungen vom Thema oder vom Inhalt zu überzeugen. Wobei beides unabhängig von der Stimme sehr gut und äußerst wichtig sein kann. Auch das geschieht intuitiv.

Die Macht der Worte

Nicht nur die Art und Weise, wie jemand spricht, sondern auch die Auswahl der Worte hat großen Einfluss auf die Akzeptanz und die Glaubwürdigkeit des Sprechers. Die richtigen Worte für die richtige Situation zu finden, ist eine große Kunst. Diese Kunst zu erlernen, braucht zum einen eine grundsätzliche Bereitschaft und zum anderen kontinuierliches Üben sowie eine stete Konzentration darauf. Das ist anstrengend und die erste Möglichkeit, über unsere Gewohnheit hinauszuwachsen.

Worte können heilen. Wer kennt sie nicht, die wohltuende Beruhigung: *„Alles wird gut."* Worte können loben: *„Wow, das war ein super Vortrag."* Worte können streicheln: *„Ich mag dich"* oder *„Ich schätze dich"*. Worte können verwunden oder töten, vielleicht nicht den ganzen Menschen, aber doch seine Gefühle, seine Motivation oder sein Handeln. Manche Aussagen hängen uns jahrelang nach, sie werden dann zu Glaubenssätzen. Glück gehabt, wenn die Wörter und Sätze positiv waren. Wenn nicht, bedeutet es großen Aufwand, sich von den Auswirkungen, die sie auf uns hatten, zu lösen. Mädchen bekommen zum Beispiel gerne gesagt, dass sie nicht rechnen können. Das spricht ihnen zum einen die grundsätzliche Fähigkeit ab und zum anderen dient es als Alibi, auch keine Anstrengung zu unternehmen, um es zu erlernen. Zahlreiche Mathematikprofessorinnen, Architektinnen und Statistikerinnen beweisen das Gegenteil. Jemand, der immer und immer wieder gesagt bekommt: „Du kannst das nicht" – vielleicht auch mit dem liebevollen Zusatz: „Das musst du auch nicht, weil …", wird aufhören, es zu probieren. Jemand, der dagegen immer wieder hört, dass sie oder er etwas kann, wird sich sehr viel leichter dabei tun, diszipliniert nach einer Lösung zu suchen.

Unsere Worte lösen nicht nur Emotionen aus, sie werden auch durch Emotionen gesteuert. Liebe macht sie sanft und zärtlich. Durch Stress werden sie schnell und hektisch. Mit Ärger gesprochen, klingen sie oft hart und böse.

Schon ganz kurze Wörter können über unser Glück oder Unglück entscheiden. Denken Sie nur an das gehauchte „Ja" einer Frau, wenn sie gefragt wird, ob sie den Fragenden heiraten möchte. Ein verweigertes „Ja" hat schon Kriege ausgelöst und Menschen in die ewige Hölle verbannt.

Oder das kurze Wort „nur" – macht jede große Sache plötzlich klein und unscheinbar. *„Ich bin nur ihr Mann"*, so eine Antwort lässt auch Mr. Universum mickrig und farblos aussehen.

„Nein" – ein Wort mit vier Buchstaben. Nichts demotiviert mehr, als wenn uns jemand mit diesem Wort antwortet. Dieses Wort macht Kleinkinder gegenüber ihren Eltern mächtig und erfolgreiche Geschäftsleute stumm und hilflos. Im Laufe dieses Buchs werden Sie noch einiges zu den aufgeführten und vielen weiteren Beispielen erfahren.

Doch die Macht der Worte reicht noch viel tiefer. Unsere Gewohnheiten im Umgang mit Wörtern prägen unser Denken und Handeln. Sie machen stark und glaubwürdig oder schwach und inkompetent. Dabei geht es nicht um Falschaussagen, sondern nur um kleine Wörter mit negativer oder schwacher Bedeutung. Schon unsere Muttersprache beeinflusst unsere Einstellung zu Gegenständen und natürlich auch zu Lebenssituationen. Der israelische Linguist Guy Deutscher beschreibt in seinem Buch „Im Spiegel der Sprache" unsere Muttersprache als Filter, wie wir Gegenstände wahrnehmen. Zum Beispiel lässt uns der Artikel den Gegenstand anders wahrnehmen. Brücken sind im Deutschen weiblich, im Spanischen dagegen männlich. Probanden mit der jeweiligen Muttersprache sollten nun Assoziationen zu Brücken nennen. Bei den Deutschsprachigen lauteten diese „elegant", „schön" und „friedvoll", die spanischen Probanden sahen Brücken eher „gewaltig" oder „stark".[3]

Ich persönlich bin davon überzeugt, dass die richtigen Wörter meine Haltung, mein Denken und mein Handeln positiv beeinflussen. Deshalb befasse ich mich seit vielen Jahren mit dem Thema Erfolgssprache. Für mich besteht die Erfolgssprache aus drei Bereichen: Stimme und Modulation – Haltung (Einstellung) – Wörter (Wortschatz).

Sogar meine Stimme kann durch die richtigen Wörter beeinflusst werden. Zum Beispiel ist es im normalen Sprachgebrauch ausgesprochen schwierig, *„ja, gerne"* unfreundlich auszusprechen. Das Wort *„gerne"* ist so positiv belegt, dass sogar Brummbären dazu neigen, nach dieser Aussage den Hauch eines Lächelns zu zeigen. Diese beiden Wörter unfreundlich zu sagen, ist möglich, selbstverständlich – doch dazu bedarf es eines echten Vorsatzes. Vorsatz heißt Vorbereitung und Vorbereitung bedeutet Anstrengung. Deshalb werden wir diese beiden Wörter in den allermeisten Fällen freundlich aussprechen. Und zwar ohne uns dabei anstrengen zu müssen.

Aber unterschiedliche Begriffe bzw. Namen können auch unser Geschmackserlebnis beeinflussen. Ein Experiment an der Hochschule Harz ergab, dass Testpersonen, denen eine Teesorte mit dem Namen „Tropical Feeling" zum Probieren gereicht wurde, diese als exotisch, fruchtig und erfrischend beschrieben. Anschließend wurde ihnen ein Tee mit der Bezeichnung „Vor dem Kamin" gereicht, den sie als viel weniger exotisch, fruchtig und erfrischend beschrieben. Getrunken hatten sie jedoch immer dieselbe Teesorte. Wir lassen uns von Worten auf Etiketten beeinflussen, ob wir dies nun wollen oder nicht.

Diese Beeinflussung erfolgt nicht nur durch Namensetiketten auf Lebensmittelprodukten oder Alltagsgegenständen, sondern auch durch Namen, die unsere Mitmenschen tragen. Untersuchungen haben ergeben, dass Schüler mit dem Namen Kevin oder Mandy von Lehrern als eher leistungsschwächer angesehen wurden. Eine Grundschullehrerin beschrieb dies so: *„Kevin ist kein Name, sondern eine Diagnose.“* Diese Aussage ist ein Vorurteil, keine Frage – besonders, da eine Untersuchung der Leipziger Universität ergab, dass unter den Studentinnen und Studenten der letzten Jahre 380 Peggys, 217 Ronnys und 379 Mandys vertreten waren. Doch wir Menschen sind so und wenn Sie gerade eben sehr empört waren, entweder weil Sie vielleicht selbst Kevin oder Mandy heißen oder einem Ihrer Kinder stolz diesen Namen gegeben haben, sind auch Sie gegen diese Vorurteile nicht gefeit, genauso wenig wie ich.

Bei mir haben es Frauen mit dem Namen Barbara sehr schwer. Wieso? Nun, eine Barbara verfolgte mich in meiner Schulzeit vehement. Das endete für mich mit einem schweren Sturz von einer langen Treppe, was ein äußerst schmerzhaftes und bedrohliches Erlebnis war. Nur mit viel Glück hatte ich diesen Sturz ohne lebensgefährliche Verletzungen überstanden. Doch weder Sie, liebe Leserin, wenn Ihr Name Barbara ist, oder irgendeine andere Barbara, die ich heute treffe, können etwas dafür und tragen auch nur einen Hauch von Verantwortung. Doch noch heute muss ich mir das bewusst vorsagen, um Frauen mit diesem Namen offen und wertfrei zu begegnen.

Übrigens ist der Grund für die Vorurteile gegenüber Namen und die damit verbundenen angeblichen Leistungsschwächen die sogenannte „Sozialschichten-Arroganz“, sagte die Oldenburger Erziehungswissenschaftlerin Astrid Kaiser der Zeitung Zeit. Erst fing die Mittelschicht an, diese Namen verstärkt für ihre Kinder auszuwählen und später dann die breite Masse – das vermengte sich im Bewusstsein der Bevölkerung und so entstand das Vorurteil, so Kaiser.

Erfolgssprache beeinflusst unser Einkommen

Unsere Sprache ist das einfachste und dabei das mächtigste Werkzeug, das wir haben. Einfach, im Sinne von: Wir haben es immer dabei, es muss nicht erst eingepackt werden. Wir können jede Sekunde unseres Daseins entscheiden, dieses Werkzeug einzusetzen. Kaum ein Faktor bestimmt so entscheidend und dauerhaft unseren Erfolg wie unsere Sprache. Wir bewundern Menschen, die Antworten schlagfertig, punktgenau und scheinbar ganz locker aus dem Ärmel schütteln. Und das Gute daran: Dieses Werkzeug kann täglich ein bisschen besser werden. Wir können unsere Sprache schleifen und schärfen, treffsicherer und spitzer oder netter und eleganter formulieren. Wenn wir zum Beispiel bei einem Unternehmen anrufen, um eine bestimmte Auskunft zu bekommen, hören wir Antworten wie: „Das muss ich mal nachfragen" oder unser Gesprächspartner antwortet mit: „Gerne kläre ich das für Sie". Die Aussage ist dieselbe, doch die Sprache lässt den Sprecher professioneller wirken und uns willkommener fühlen. Wir können die Art und Weise, wie wir Sprache nutzen, groß und mächtig machen, ganz wie wir es entscheiden.

Je mehr Sie es schaffen, Ihren Wortschatz zu erweitern, desto höher wird Ihr Einkommen. Dazu meint Professor Dean Trembly vom kalifornischen polytechnischen Institut: *„Einkommen ist relativ zum Vokabular und zwar in jedem Berufsfeld. Ihre Chancen wachsen proportional zu Ihrem Wortschatz."* Das heißt, egal ob Sie Fleischfachverkäuferin, Manager oder Controllerin eines Unternehmens sind, je mehr Sie an Ihrer Erfolgssprache arbeiten, desto größer sind Ihre Chancen, erfolgreicher zu werden. Professor Trembly geht sogar so weit, zu sagen, dass Sie jedes weitere Wort, das Sie lernen, mit einem Münzbetrag belegen können.

Auch der ehemalige Harvard Professor Johnson O'Connor meinte: *„Ein umfangreicher und exakter Wortschatz ist ein wichtiger Faktor für den Erfolg."*

Wenn Worthülsen heiße Luft bedeuten und Fachwörter Mauern

Bedeutet alles, was Sie nun gelesen haben, dass Sie Ihre Sprache mit Fremdwörtern vollstopfen sollen? Nein, überhaupt nicht. Es ist selbstverständlich, dass jede Branche ihre Fachsprache und ihr Fachvokabular hat. Sie sollten sie kennen und gegebenenfalls einsetzen, zum Beispiel im direkten Kontakt mit Kollegen. Auch in einem Fachartikel können spezielle Termini technici gerne vorkommen. Wobei uns niemand daran hindert, diese im Text auch gleich zu übersetzen oder zu erläutern. Dies erweitert unsere Fan- und Lesegemeinde für Fachartikel unglaublich. Es stellt sich außerdem die Frage, für wen Sie diesen Text schreiben. Für Kollegen? Für Kundinnen? Als Image- oder Werbetext für Ihr Unternehmen? Als Beitrag für Social Networks? Je größer die Reichweite des Textes ist, desto klarer sollte die Sprache sein, was zumindest eine sofortige Übersetzung des Fachwortes bedeutet.

In meiner Welt als Trainerin trainiere ich immer wieder die Vertriebsmitarbeiterinnen und -mitarbeiter technischer Unternehmen. Ich mache das gerne, weil ich eine hohe Affinität, also Vorliebe für technische Produkte und die damit verbundenen Möglichkeiten für unser Leben habe. Einmal trainierte ich Angestellte in einem IT-Unternehmen, dessen Umsätze stark eingebrochen waren. Im Laufe der Gespräche mit den Vertriebsmitarbeitern fiel mir auf, dass ich selten zuvor in einem technischen Unternehmen gewesen war, dessen Vertriebsmitarbeiter so extrem viel mit Fachbegriffen um sich warfen. Das schien sich in dieser Firma regelrecht als Sport etabliert zu haben. Obwohl ich die meisten Wörter aus meiner langjährigen Erfahrung in der IT kannte, hatte ich als Trainerin die Möglichkeit, mich dumm zu stellen und zu signalisieren, dass ich sie nicht verstand. Ich bat die Teilnehmer daher, mir doch die Bedeutung der einzelnen Wörter zu erklären. Kurz gesagt, es war ein Fiasko. Damit es kein Missverständnis gibt, die Mitarbeiter wussten ganz klar, was sie da sagten und benutzten jedes Wort immer genau in dem Zusammenhang, in dem es Sinn machte. Aber zu erklären, was es bedeutet, damit ihr Kunde, der als Nutzer des Angebots die Bedeutung nicht im Detail kennen musste, sie richtig verstand, war etwas ganz anderes.

Fachsprache sollten Sie einfach erklären können oder besser noch, durch kundenverständliche Begriffe austauschen. Erfolgssprache bedeutet auch, meine Gesprächspartner dort abzuholen, wo sie in ihrer Spracherfahrung stehen. Bedeutet dies nun, dass Sie keine Fachsprache innerhalb Ihrer Branche beherrschen müssen? Nein – denn wenn Ihr Kunde sie benutzt, wäre es gut, wenn Sie wüssten, wovon er spricht. Sollten Sie neu in der Branche sein, genießen Sie eine Art Welpenschutz, aber nicht lange. In diesem Fall heißt es, Fachvokabeln zu büffeln, damit Sie schnell verstehen, was Ihr Kunde sagt.

Gleichzeitig ist es aber ebenso wichtig, die eigene Sprache durch Synonyme zu ergänzen, sodass Sie zum einen selbst über einen großen Sprachschatz verfügen und zum anderen auch Menschen verstehen, die dieses Vokabularium benutzen. Damit sich Ihr Wortgut kontinuierlich erweitert, würde es reichen, wenn Sie einmal in der Woche eine gute Wochen- oder Tageszeitung lesen. Und wenn Sie ein Wort nicht verstehen beziehungsweise es einem 14-Jährigen nicht erklären können, suchen Sie im Internet nach einer Erklärung. Das ist sehr spannend, da Sie auf diese Weise nicht nur Ihren eigenen Wortschatz erweitern, sondern oft interessante Geschichten finden, die sich rund um dieses Wort ergeben haben oder die im Zusammenhang mit dem Wort auftauchen. Mittlerweile erlebe ich es immer wieder, dass in einer Gruppe von Menschen, in der ein unbekanntes Wort auftaucht oder ein schwer erklärbarer Begriff verwendet wird, ein anderer sofort auf seinem Smartphone nachschaut, was es bedeutet. Oft entsteht dann sogar eine Diskussion rund um dieses Wort. Es ist heute immer mehr üblich, nachzuschlagen, die Menschen haben weniger Angst davor sich damit eine Blöße zu geben.

Was sind dagegen Worthülsen? Der Duden sagt: „des eigentlichen Sinngehalts entleertes Wort", anders gesagt, mit Worthülsen wird kein wirklicher Inhalt vermittelt oder keine echte Aussage getroffen. Bei Politikern, die im Fernsehen sprechen, wird daher oft gesagt, dass sie „heiße Luft" verströmen, da am Ende ihre Aussage keine Verantwortung für eine sichtbare Veränderung einer Situation oder eine echte Tat bzw. Handlung erfolgt. Hier ein wunderbares Beispiel: *„Meine Damen und Herren, Politik bedeutet, und davon sollte man ausgehen, das ist doch – ohne darum herumzureden – in Anbetracht der Situation, in der wir uns befinden. Ich kann meinen politischen Standpunkt in wenigen Worten zusammenfassen: Erstens das Selbstverständnis unter der Voraussetzung, zweitens, und das ist es, was wir unseren Wählern schuldig sind, drittens die konzentrierte Beinhaltung als Kernstück eines zukunftsweisenden Parteiprogramms."*[4]

Hier ein zweites Beispiel: „*... Aber damit noch lange nicht genug. Die Schuldenbremse diente als Vorbild für eine gnadenlose Austeritätspolitik auf europäischer Ebene, die durch den Fiskalpakt den sozialen Zusammenhalt ganzer Volkswirtschaften zerstört. Die Menschen sind nicht nur verunsichert, sie haben Existenzängste – und das zu Recht! ...*"[5]

Haben Sie verstanden, worum es geht? Wie oft mussten Sie die Sätze lesen? Stellen Sie sich vor, dass Sie normalerweise keine Möglichkeit haben, das gesprochene Wort nachzulesen, sondern Sie sollen es auf Anhieb verstehen und anschließend Entscheidungen treffen können. Ginge das? Übrigens, eines der beiden Beispiele ist Satire, das andere Realität. Welches? Auflösung im Anhang.

So unglaublich Ihnen das jetzt erscheinen mag, manchmal macht es Sinn, diese Form der Sprache zu beherrschen. Nämlich immer dann, wenn Sie zu einem Thema keine wirkliche Stellung beziehen möchten. Entweder, weil Sie nichts dazu wissen oder erst mit jemandem darüber sprechen wollen oder aus anderen Gründen Zeit gewinnen wollen. Ich sage nicht, dass Erfolgssprache bedeutet, dass Sie mit Worthülsen um sich werfen sollen, aber es bedeutet, dass Sie es können, wenn Sie sich bewusst dafür entscheiden. Sie sollten sinnvoll klingende Phrasen aus dem Ärmel schütteln, wenn Sie sie benötigen, doch aus dem Ärmel schütteln können Sie nur, was Sie vorher hineingegeben haben. Suchen Sie sich Übungsplätze mit Ihrer Familie, Freunden oder Kolleginnen, wo Sie die Nutzung von „heißer Luft" üben. Sie könnten zum Beispiel beliebig gewählte Fachwörter aus Ihrer Branche nehmen und auf Kärtchen schreiben, diese Kärtchen zu einem Stapel zusammenfügen und dann drei Minuten darüber sprechen, ohne dabei wirklich etwas zu sagen. Oder Sie nehmen das Wort „sprechen" und suchen per Synonymsuche ein möglichst kompliziertes Fremdwort dafür, zum Beispiel „dozieren". Der oben genannte Satz würde dann folgendermaßen lauten: „... und dann drei Minuten darüber dozieren." Das Spiel mit der Familie lautete dann: Wer findet das „komplizierteste" Wort für einfache Wörter und kann darüber drei Minuten sprechen? Wer dabei die meisten Worthülsen verwendet, bekommt die meisten Punkte oder die lautesten Ovationen, ups, den lautesten

Beifall. Sie können anschließend fragen, wie Ihre Zuhörer das Gehörte fanden. Wenn dann Aussagen kommen wie: *„Interessant, aber was genau hast du gerade gemeint"*, sind Sie auf einem guten Weg.

Umgekehrt gilt, wenn Sie gerade eine ernsthafte Aussage gemacht haben und Ihr Umfeld reagiert mit diesem Satz, dann überprüfen Sie Ihre Sprache, wahrscheinlich sind zu viele Worthülsen darin oder Sie reden zu sehr um eine Sache herum und kommen nicht auf den Punkt.

„Mog i di" oder „mog i di net"? Das ist hier die Frage – Dialekt: Vorteil oder Nachteil?

Immer wieder werde ich von Menschen gefragt, ob sie ihren Dialekt verwenden „dürfen" oder nicht? Grundsätzlich bin ich ein Freund des Dialekts. Der Dialekt gehört zur Persönlichkeit. Ihn krampfhaft zu verleugnen, kann auch das freie Sprechen und Diskutieren stark einschränken. Sie sind dann so mit der Vermeidung Ihres Dialekts beschäftigt, dass für die eigentliche Aussage kein Platz mehr ist. Die wichtigste Regel beim Dialekt ist: Seien Sie stolz auf ihn und benutzen Sie ihn ruhig, aber immer so, dass Ihr Gegenüber, das aus einem anderen Bundesland oder gar aus einem anderen Land kommt, Sie immer noch versteht. Das bedeutet, wenn Ihre Sprache mit Ihrem Dialekt eingefärbt ist, also man einfach hört, dass Sie aus Bayern, Tirol, Dresden oder dem Schwabenland kommen, ist dies auch charmant. Wenn Sie aber so starken Dialekt sprechen, dass Sie nicht verstanden werden, verfliegt der ganze Charme sofort. Perfekt wäre es, wenn Sie beides können: Hochdeutsch und Dialekt. Zugegeben, das ist heutzutage gar nicht mehr so einfach.

Eine meiner Mitarbeiterinnen faszinierte mich sehr. Sie war bei uns im Callcenter beschäftigt und bot überwiegend technische Produkte in ganz Deutschland an. Sie stammte aus Bayern, telefonierte jedoch in Hochdeutsch mit einer leichten bayerischen Einfärbung, was sie sehr sympathisch machte. Manchmal rief ihre Mutter bei uns an und wenn sie diese am Telefon hatte, veränderte sich ihr Hochdeutsch sofort in ein tiefes Bayerisch. Wir Bayern sprechen von „gschertem Bayerisch“. Ihre Fähigkeit hin und her zu schalten, bewunderte ich stets sehr.

Wenn Sie nun das Gefühl haben, Ihre Sprache ist mehr als „charmant eingefärbt“, dann hören Sie viele Hörbücher in geschliffenem Hochdeutsch. Laden Sie sich einige davon auf einen MP3-Player oder auf Ihr Smartphone und hören Sie sich diese beim Autofahren, in der S-Bahn oder beim Spazierengehen über Kopfhörer an. Wenn Sie dies täglich mindestens eine Stunde tun, werden Sie merken, dass sich Ihre Sprache schon nach einigen Wochen in Richtung Hochdeutsch verändert. Übrigens, das geht auch anders herum. Wenn Sie das Gefühl haben, von Ihrem ursprünglichen Dialekt ist nichts mehr übrig, auch nicht der charmante Einschlag, dann verbringen Sie Ihren Urlaub wieder einmal in den tiefsten Tiefen Ihres Bundeslandes oder hören Sie sich Hörbücher in Ihrem Heimatdialekt an, welche in den letzten Jahren einen sehr hohen Aufschwung erfahren haben. Nie war Dialekt so beliebt wie heute. Außerdem verbindet er Menschen sofort miteinander. Untersuchungen haben ergeben, dass wir einem Landsmann, den wir mitten im tiefsten Urwald, in der Wüste oder einfach am Strand von Tunesien begegnen und anhand seines Dialekts identifizieren, sofort vertrauen und in ihm einen „Freund“ oder „Verbündeten“ sehen, obwohl es keinen wissenschaftlichen Beweis dafür gibt, das Dialekt per se ein Zeichen von ehrlichem Charakter wäre.

Erfolgssprache sprechen bedeutet, die freie Wahl zwischen dem Dialekt und dem Hochdeutschen zu haben. Damit Sie jedoch die freie Wahl haben, heißt das, dass Sie beide Varianten beherrschen müssen. Schon Prof. Henry Higgins zeigt uns in dem Musical „My Fair Lady“, dass Eliza Doolittle hart an ihrer Sprache arbeitet, bis sie sie sauber spricht. Doch das Stück zeigt auch, dass jeder lernen kann, die eigene Sprache sauber zu sprechen. Wer jedoch genau das sehr gut kann, möchte vielleicht lieber mehr seinen Dialekt üben, das geht zum Beispiel, indem man sich Hörbücher von bekannten Vertretern seines Dialekts anhört, die ihn beispielhaft sprechen. Dies färbt oft schneller ab, als man vermutet hätte. Alles eine Frage der Übung. Springen Sie über Ihren Schatten und probieren Sie es aus!

Übrigens gelten dieselben Regeln auch für die sogenannte „Jugendsprache“. Wenn Sie gerne Slangwörter oder „denglische“ Begriffe wie „Coffee to go“, „Handy“, „Public Viewing“, „Playlist“, „shoppen“, „chatten“, „downloaden“, „adden“, „lol“, „N8“ oder „THX“ in schriftlicher oder verbaler Form nutzen, ist das grundsätzlich erlaubt. Sprache ist lebendig. Und natürlich gibt es viele (ältere) Menschen, die mit diesen Veränderungen nicht zurechtkommen und deshalb vom „Untergang der deutschen Sprache“ sprechen. Daran glaube ich nicht, aber ich glaube an die Veränderung der Sprache, und das nicht erst durch die jungen Menschen von heute, sondern schon immer. Ähnlich, wie wir im Telefongespräch mit unterschiedlichen Partnern die Modulation, aber auch die Wahl der Wörter unserem Gesprächspartner gegenüber anpassen, können wir dies auch mit den verschiedenen Stilblüten unserer Sprache. Spielen Sie damit, zur richtigen Zeit mit der richtigen Person. Sicherlich ist weniger manchmal mehr, wenn Sie dabei auf der sicheren Seite stehen möchten.

Ihre Sprache ist das, was Sie am schnellsten verrät, im Positiven wie im Negativen. Ihre Sprache ist aber auch ein

Werkzeug, welches Sie blitzschnell an die Situation anpassen können. Sie können damit überzeugen, blenden, begeistern und faszinieren. Tun Sie es, sprechen Sie Erfolgssprache.

2. Anstoß: Eigentor vs. Volltreffer – Wörter, die den Unterschied machen

Unsere Sprache wird meistens durch unseren guten Willen geprägt. Wir wollen charmant, höflich oder nett sein, manchmal auch streng, durchsetzungsfähig oder konsequent. Aufgrund mangelnden Wissens flechten wir in unsere Ausdrucksweise dann entsprechende Wörter ein, die vieles bedeuten, nur nicht das, was wir damit ausdrücken wollten. Wir benutzen zum Beispiel das Wort „leider", um unser Bedauern auszudrücken und für eine wohlwollende Reaktion bei unserem Gegenüber zu werben oder das Wort „darf", um höflich zu sein. Tatsächlich schießen wir uns damit jedoch – wie wir gleich erfahren werden – ein Eigentor, anstatt mit dem extra ausgewählten Wort einen Volltreffer zu landen. Erfolgssprache bedeutet den bewussten Umgang mit beinahe jedem Wort, besonders am Anfang, wenn wir auf die Erfolgssprache umstellen.

Nachfolgend erfahren Sie eine ganze Reihe von „kleinen" und „großen" Wörtern, die Sie entweder ganz vermeiden, reduziert und bewusst einsetzen oder sehr häufig in Ihren Wortschatz aufnehmen sollten. Gegen Ende des Kapitels finden Sie heraus, wie es Ihnen gelingt, sich die Wörter, die auf ein Eigentor hinauslaufen, abzugewöhnen beziehungsweise wie Sie „Bewusstsein" für Ihre Sprache entwickeln und sich dafür neue erfolgsfördernde Wörter zur Gewohnheit machen.

Leider …

Kennen Sie das? Sie haben sich entschlossen, einen Arzttermin zu vereinbaren. Entweder weil Sie Beschwerden haben oder weil eine Vorsorgeuntersuchung bereits seit Längerem wieder ansteht. Sie rufen also den Arzt Ihres Vertrauens an, es klingelt kurz und Sie hören die Ansage vom Band: *„Leider rufen Sie außerhalb unserer Sprechzeiten an …“* In diesem Moment legen Sie reflexartig auf, halten kurz inne und ärgern sich, dass Sie jetzt keine Ahnung haben, wann dieser … (das Eigenschaftswort dürfen Sie frei von der Seele weg selbst auswählen) Arzt seine Sprechstunde hat. Also drücken Sie die Wahlwiederholungstaste und rufen erneut in der Praxis an. Dabei halten Sie den Hörer bewusst fest, damit Sie nicht wieder spontan nach dem Wort „leider“ auflegen.

Ja, Sie haben richtig gelesen, das Wort „leider“ löst diesen Auflege-Impuls bei Ihnen aus. Wann immer ich dieses Beispiel in meinen Trainings erzähle, gehen viele Hände hoch und meine Teilnehmer bestätigen mir genau dieses Erlebnis mit den Anrufbeantwortern ihrer Ärzte.

Eine andere Situation: Sie stecken gerade in einer aktiven Bewerbungsphase und haben Bewerbungen versandt. Nach einiger Zeit kommen die ersten Antworten der jeweiligen Firmen. Es sind Absagen dabei, das gehört zum normalen Lauf der Dinge. Sie öffnen einen der Briefe. Die Firma bedankt sich für Ihre Bewerbung und jetzt kommt es, meistens im zweiten Absatz, erstes Wort: „Leider haben wir …“ Wenn Sie etwas temperamentvoller sind, pfeffern Sie das Schreiben jetzt in die Ecke, ruhigere Naturen lassen es langsam sinken. Beide haben eines gemeinsam, Sie hören auf zu lesen. Nach diesem Wort kann nichts Gutes mehr kommen. Vielleicht nehmen Sie die Nachricht später, wenn sich Ihr Ärger etwas gelegt hat, noch einmal zur Hand, um festzustellen, dass wirklich nichts Wichtiges mehr kam. Wenn wir also dazu neigen, beim Anrufbeantworter einfach aufzulegen und die Bewerbungsabsagen bei dem Wort „leider“ zur Seite zu legen, wie ist das dann bei einem persönlichen Gespräch? Ich behaupte, dass wir und unsere Gesprächspartner bei dem Wort „leider" automatisch auf „Durchzug" schalten. Unsere Gedanken wandern sofort ab, entweder auf die Suche nach einer alternativen Lösung, wenn das Wort „leider" die Absage zur Lösung eines Problems einleitet, oder sie wandern zu einer ganz anderen Situation, wenn unser Gegenüber mit diesem Wort eine Tirade von Gründen, warum etwas nicht so gelaufen ist, wie es hätte laufen sollen, anfängt. Unsere Konzentration kommt erst dann wieder zurück, wenn unser Gesprächspartner erneut etwas Relevantes zum ursprünglichen Thema beiträgt.

Meine Empfehlung: Streichen Sie das Wort „leider" aus Ihrem Wortschatz. Ihre Erfolgssprache beginnt, wenn Sie dieses Wort nicht mehr benutzen. In meinen Trainings fordere ich die Teilnehmer gerne dazu auf, mir eine Situation zu nennen, bei der sie sicher sind, dass dieses Wort vonnöten ist. Meistens lautet die Antwort *„Wenn mir etwas leidtut"* oder *„Wenn ich mich für etwas entschuldigen will"*. Diese Antworten sind verständlich. Doch wenn Sie sich entschuldigen wollen, dann entschuldigen Sie sich richtig und verstecken diese Entschuldigung nicht hinter dem Wort „leider". Eine echte Entschuldigung wirkt Wunder. Wie Sie sich erfolgreich entschuldigen können, lesen Sie in Kapitel 6.

Bieten Sie Lösungen an!

Bevor Sie etwas nach außen hin bedauern, prüfen Sie genau, ob das wirklich stimmt. Betrachten wir das Beispiel mit der Absage beim Bewerbungsschreiben. Nehmen wir an, Sie sind der Entscheider im Unternehmen und haben sich für einen anderen Bewerber entschieden als den, dessen Bewerbung gerade vor Ihnen liegt. Würden Sie wirklich schreiben: *„Ich bedauere es sehr, Sie nicht ausgewählt zu haben."*? Nein, würden Sie sicherlich nicht. Warum? Weil

Sie es nicht wirklich bedauern. Sie haben gute Gründe, warum Sie sich für den einen und nicht für den anderen entschieden haben. Es gibt keinen Grund, etwas zu bedauern und das wird auch nicht von Ihnen erwartet. Ich habe meine Absagen immer so formuliert, dass ein Satz etwas Besonderes beim Bewerber hervorgehoben oder gelobt hat. Zum Beispiel: *„Ihre Auslandsaufenthalte in den USA, Australien und Singapur haben uns sehr beeindruckt.“* Danach kamen dann Standardsätze wie: *„Aus firmeninternen Gründen haben wir uns für einen anderen Bewerber entschieden.“* Die Standardsätze waren sehr sachlich und enthielten immer ein Dankeschön für die Bewerbung und etwaige Bewerbungsgespräche.

Und beim Anrufbeantworter bedeutet dieses *„Leider rufen Sie außerhalb …“* schon beinahe den erhobenen Zeigefinger: *„Wir können nichts dafür, wenn Sie zu einer Zeit anrufen, in der wir nicht da sind …“*

Wie würden Sie sich fühlen, wenn Sie das nächste Mal folgenden Spruch auf dem Anrufbeantworter hören: *„Vielen Dank, dass Sie die Rufnummer der Arztpraxis … gewählt haben. Sie erreichen uns werktäglich in der Zeit von 9.00 bis 12.00 und von 14.00 bis 16.00 Uhr …“*?

Falls Sie im Alltag mit Vorgesetzten, Freunden oder Familienangehörigen eine Aufgabe nicht übernehmen können und dies wirklich bedauern, ist es sicherlich geschickter, einen Lösungsansatz anzubieten. Zum Beispiel anstatt: *„Leider kenne ich mich da nicht aus“* besser: *„Ich kläre das* (frage Herrn Meier aus der Abteilung Technik, recherchiere im Internet) *und sage Ihnen so schnell wie möglich Bescheid“*.

Das ist Erfolgssprache. Und gerade wenn es um Ihre Weiterentwicklung im beruflichen Umfeld geht, sind lösungsorientierte Aussagen sehr viel zielführender als „Leider“-Aussagen. Sie wollen sie nicht hören und Ihre

Gesprächspartner natürlich auch nicht. Lösungsvorschläge dagegen helfen unserem Gesprächspartner, über den Tellerrand zu schauen und regen die Kreativität an. Sie zeigen ihm entweder schon die „bessere" Lösung oder signalisieren deutlich, dass es außer seinem Vorschlag noch andere Wege gibt, um das gewünschte Ziel zu erreichen.

Dürfen Sie schon oder wollen Sie?

Kennen Sie das? Sie haben oft das Gefühl, dass Ihre Gesprächspartner und Gesprächspartnerinnen Ihnen nicht auf Augenhöhe begegnen. Sie fühlen sich nicht richtig ernst genommen. Kunden oder Geschäftspartner sprechen mit Ihnen in einer Art und Weise, wie sie es nie mit Ihrer Chefin oder Ihrem Chef tun würden?

In einer Kanzlei hatte ich die Gelegenheit, eine Reihe von kompetenten und erfahrenen Frauen zu trainieren. Das Ziel des Trainings war es, dass die weiblichen Mitarbeiter von den Mandanten genauso ernst genommen werden wie die Chefs der Kanzlei, die alle männlich waren. Die Frauen hatten zum Teil dieselbe Ausbildung wie ihre Chefs und waren deshalb äußerst versiert in ihrem Aufgabengebiet. Immer wieder passierte es jedoch, dass die Mandanten, vornehmlich die Herren, mit den Mitarbeiterinnen in einer Art und Weise sprachen, die zeigte, dass sie ihre Gesprächspartnerinnen nicht auf Augenhöhe sahen. Zum Beispiel: *„Verbinden Sie mich mal mit jemandem, der hier etwas zu entscheiden hat"* oder *„Sie sind ja süß, aber ich kläre das lieber mit Herrn Müller"*.

Durch das intensive Zuhören bei den Gesprächen der Frauen mit den Mandanten der Kanzlei fiel mir auf, dass die Frauen häufig das Wort „darf" benutzten.

„Darf ich Sie fragen, ob ..." oder *„Darf ich Sie bitten,*

mir ...“ oder „Darf ich Ihnen die Unterlagen...“ mit dem Wörtchen „darf“ machen Sie sich klein. Wen fragen wir um Erlaubnis? Doch nur Menschen, die in der Lage sind, uns Erlaubnis für etwas zu erteilen. Damit erheben wir unser Gegenüber in den Hochstatus und setzen uns in den Tiefstatus. Wir signalisieren dem anderen, dass er über uns steht. Wir erteilen unserem Gesprächspartner Macht über uns, grundsätzlich oder zumindest temporär. Der Grund, weshalb wir das Wort „darf“ einsetzen, ist, dass wir sehr höflich sein möchten. Es erscheint uns höflich, den anderen um Erlaubnis zu bitten, bevor wir seine Zusage oder seinen Einsatz fordern. Dafür gibt es aber in einer Kunden-/Mandantenbeziehung keinen Grund. Auch in einem Gespräch mit einer Kollegin oder einem Kollegen sehe ich keinen Grund, das Wort „darf“ zu verwenden. Streichen Sie im Businesskontext das Wort „darf“ aus Ihrem Vokabular, wenn Sie mit Ihrem Gesprächspartner auf Augenhöhe stehen möchten. Das gilt auch dann, wenn Ihr Gesprächspartner tatsächlich einen Rang höher steht als Sie, zum Beispiel im Gespräch mit einem Vorgesetzten. Bleiben Sie auf Augenhöhe. Das bedeutet nicht, dass Sie keine Anweisungen ausführen, sondern dass Sie seinen Rang anerkennen und akzeptieren und Ihren gesunden Menschenverstand immer dabei haben.

Wann sind Menschen bereit, uns einen Gefallen zu erweisen oder einfach nur etwas für uns zu tun, damit wir die Aufgabe, die wir für jemanden übernommen haben, auch ausführen können? In dem Fall der Kanzleimitarbeiterinnen ging es zum Beispiel darum, dass die Mandanten wichtige Unterlagen faxen. Menschen erledigen immer dann gerne etwas für uns, wenn sie wissen, warum sie es tun sollen und noch lieber, wenn ihnen klar ist, dass sie selbst etwas davon haben. In den meisten Fällen reicht es aber aus, zu wissen, warum.

Die Frauen aus der Steuerkanzlei baten die Mandanten nach der Schulung durch mich nicht mehr unterwürfig höflich um einen Gefallen, sondern sagten zum Beispiel: *„Frau Müller, bitte faxen Sie mir die Belege, damit ich sie schnellstmöglich beim Finanzamt einreichen kann.“* Die Steigerung wäre der Nutzen für Frau Müller und lautet folgendermaßen: *„Frau Müller, bitte faxen Sie mir die Belege, damit ich sie schnellstmöglich einreichen kann. Sie erhalten dadurch Ihre Rückzahlung sehr viel schneller.“* Volltreffer!

Heißt das jetzt, dass Sie das Wort „darf“ aus Ihrem Wortschatz gänzlich streichen sollen? Aus dem Businesswortschatz würde ich es weitestgehend tilgen. Bei Ihrem privaten und gesellschaftlichen Wortschatz ist es eine Abwägungssache. Mit dem Wort „darf“ lässt sich sehr schön spielen, wenn Sie das Wort „darf“ bewusst und absichtlich einsetzen. Ich benutze es sehr gerne, wenn ich etwas von meinem Lebenspartner möchte und zu bequem bin, mich selbst darum zu kümmern. Er weiß das natürlich. Aber ein süßer Augenaufschlag, ein schief gelegter Kopf und ein sanftes *„Schatz, darf ich dich ganz lieb bitten, mir eine Cola aus dem Kühlschrank zu holen?“* verfehlen ihre Wirkung nicht. Das sind gewollte „Erwachsenenspiele“ und diese können für beide sinnvoll sein. Wichtig ist dabei: Seien Sie sich der Wirkung bewusst, dass Sie damit in den Tiefstatus gehen. Was manchmal sinnvoll ist.

Weil …

In den letzten Absätzen haben Sie erfahren, dass Ihre Mitmenschen lieber etwas für Sie tun, wenn sie wissen, warum.

Je öfter Sie das Wort „darf“ vermeiden, desto besser ist

es, das Wörtchen „weil“ zu verwenden. „Weil“ ist ein Wort, welches oft erstaunlich positive Reaktionen auslöst.

Eine Freundin erzählte mir vor Kurzem, wie sie beim Arzt gesessen und auf einen kleinen Eingriff mit örtlicher Betäubung gewartet hatte. Der Termin war seit Langem geplant gewesen. Sie traf wie gewünscht eine Stunde vor Behandlungsbeginn ein. Alles wurde vorbereitet und um 14.00 Uhr sollte der Eingriff stattfinden. Sie wartete. 14.15 Uhr, sie wartete. 14.30 Uhr, sie wartete ... Kennen Sie das, wenn Sie auf etwas Unangenehmes warten müssen? Die Minuten werden immer länger. In so einer Situation haben Sie viel Zeit, sich alle beängstigenden Dinge, die Ihnen dabei einfallen, genau vorzustellen und auszumalen. Das Schlimmste daran: Wenn der vereinbarte Zeitpunkt, in dem Fall meiner Freundin 14.00 Uhr, vorbei ist, weiß man nicht, wann der nächste feste Zeitpunkt geplant sein wird.

Wie schön wäre es jetzt, wenn die Krankenschwester hereinkäme und sagen würde: *„Es dauert noch eine halbe Stunde, weil“* – und jetzt käme ein guter Grund, der nichts mit der eigenen Person zu tun hat – *„der Herr Doktor noch aufgehalten wurde.“* Das Geheimnis dieser Lösung liegt nicht nur darin, dass endlich mal einer kommt und mit einem spricht, sondern auch in dem kleinen Wörtchen „weil“. Dazu führte die Harvard-Psychologin Ellen Langer in den 1970er-Jahren ein Experiment durch: Es bildete sich immer wieder eine längere Schlange vor einem Kopierer. Sobald wieder eine Schlange entstanden war, kam aus den Tiefen der übrigen Büroräume eine Person und bat: *„Würden Sie mich bitte vorlassen?“* Dieses Experiment wurde zu unterschiedlichen Zeiten mehrmals wiederholt. Das Ergebnis war: Im statistischen Mittel wurde die Person in 60% der Fälle vorgelassen. Jetzt wurde der Satz verändert. Anstatt *„Würden Sie mich bitte vorlassen?“* wurde folgende Bitte geäußert: *„Würden Sie mich bitte vorlassen, weil ich es* *sehr eilig habe?"* Nach mehrmaligen Versuchen ergab sich das statistische Mittel: In 94% der Fälle wurde die jeweilige Person vorgelassen. Der Grund lag an dem Wörtchen „weil" und der guten oder logischen Begründung, die danach folgte.

Doch es gab eine dritte Versuchsreihe. Diesmal lautete der Satz: *„Würden Sie mich bitte vorlassen, weil ich kopieren muss."* Also wieder das Wörtchen „weil", doch diesmal mit derselben Begründung, weshalb auch alle anderen in der Schlange standen: „weil sie kopieren mussten". Das Ergebnis war: In 93% der Fälle wurde die Person vorgelassen. Wir wollen wissen, weshalb wir eine Handlung ausführen sollen.

Dabei kann die Begründung auch ohne dass sie ausgesprochen wird, offensichtlich sein. Doch sobald wir sie aussprechen, gewinnt sie Relevanz und wird in vielen Fällen akzeptiert. Was macht Sie weniger wütend? Aussage A: *„Der ICE nach München kommt mit 30 Minuten Verspätung. Vielen Dank für Ihr Verständnis."* oder die Aussage B: *„Der ICE nach München kommt mit 30 Minuten Verspätung, weil/wegen eines technischen Problems. Vielen Dank für Ihr Verständnis."* Umfragen ergaben: Aussage B.

Erfolgssprache bedeutet, den Gesprächspartnern einen Grund für einen geänderten Ablauf anzugeben. Die Wirkung nimmt nur dann ab, wenn Sie als Bahnfahrer morgens und abends täglich immer die gleiche Ansage zu hören bekommen, die in Ihren Augen zur Ausrede mutiert. In der Erfolgssprache nutzen Sie die Wirkung des Wörtchens „weil" immer dann, wenn es für Sie sinnvoll ist. Wenn Sie bemerken, dass es zur Standardausrede wird, verändern Sie die Situation. Fragen Sie sich: *„Was ist zu tun, damit ich keine Ausnahme mehr von der Regel brauche?"* In unserem Arztpraxis-Beispiel würde die Frage dann lauten: *„Was ist zu tun, damit die Patienten pünktlich zum Termin drankommen?"* Jede Situation kann verbessert werden, wenn dies Ihr wirklicher Wille ist. Dazu mehr in Kapitel 6.

Ja, aber ...

Sind Sie ein Mensch, der gerne „ja, aber“ sagt, oder gibt es Menschen in Ihrem Umfeld, die diese beiden Wörter gerne benutzen? Das „Ja, aber“ ist ein zweischneidiges Schwert. Zum einen kann es einen zum ewigen Nörgler und Ideentöter machen, zum anderen könnten wichtige Hinweise nicht erwähnt werden, wenn keiner etwas sagt. Ich nehme einmal an, Sie sind ein Mensch, der „ja, aber“ sinnvoll nutzen will. „Ja, aber“ in der Erfolgssprache heißt zum einen, die Idee oder Aussage unseres Gegenübers bis zum Ende anzuhören. Ich ertappe mich oft dabei, dass ich vor meinem Gesprächspartner sitze und mir die Hand vor den Mund halte, ich mache das meist unbewusst, es fällt mir aber auf, wenn ich dann zu sprechen beginne. Die Geste „Hand vor den Mund“ hilft mir, einfach mal die Klappe zu halten und zu warten, bis mein Gegenüber alle seine Ausführungen zu Ende gebracht hat. Bei ernsten Bedenken von Ihrer Seite kann jetzt durchaus ein „Ja, aber“ kommen, doch ohne K.O.-Kriterium. Zum Beispiel: Ihr Gegenüber: *„Wir sollten dringend einen genauen Plan für das Projekt machen.“* Sie: *„Ja, aber, das bringt doch nichts. Wir haben schon Hunderte von Plänen gemacht und nie wurden sie eingehalten.“* Erfolgssprache: *„Ja, aber, dabei sollten wir alle Beteiligten mit einbeziehen, damit sich anschließend jeder an den Plan halten kann.“* Auf diese Art wirkt Ihr „Ja, aber“ konstruktiv und macht Sie erfolgreicher, weil Sie mit Ihren Hinweisen ernst genommen werden und auf diese Art unter Umständen den Schlüssel zum Erfolg des Projekts beitragen.

Natürlich gibt es auch die andere Seite. Wenn Ihr

Gesprächspartner Ihnen, bevorzugt vor anderen, ein „Ja, aber“ entgegenwirft, dann sprechen Sie von Ihrem Vorschlag als „Testversion“. Sie können damit jeden „professionellen Ja, aber-Kollegen“ zum Schweigen bringen: *„Du hast recht, selbstverständlich – die Idee ist ja noch in der Testversion.“* Anschließend machen Sie mit Ihrer Vorstellung weiter. Sehr sinnvoll ist es auch „Ja, aber“-Kollegen zu beschäftigen. *„Ich merke schon, dir fällt einiges auf. Bitte notiere doch alle Bedenken, die sich aus deiner Sicht ergeben, dann kann ich mir das später genau ansehen.“* Wichtig ist dabei, dass Sie die Liste, die Sie von Ihrem Kollegen erhalten, vor seinen Augen ernsthaft behandeln, ob Sie sie unterwegs auf dem Weg zu Ihrem Schreibtisch verlieren, entscheiden Sie. Unter Umständen ist aber ein guter Ansatz dabei, also vorher durchlesen.

Wie merken Sie nun, ob Sie persönlich „ja, aber“ dosiert einsetzen? Stellen Sie in der Familie oder in Ihrem Büro, das „Ja, aber“ einfach einmal für eine Woche unter Strafe. Führen Sie die „Anti-Ja, aber-Woche“ ein. Sparschwein aufstellen und jeder, der in Ihrer Familie oder im Büro „ja, aber“ sagt, wirft einen Euro hinein. Kinder können Spielgeld hineinwerfen. Wenn zehn Euro Spielgeld zusammenkommen, dürfen Sie sich von dem Kind etwas wünschen und umgekehrt natürlich auch. Im Büro können es auch höhere Beträge sein, am Ende der Woche wird Pizza bestellt oder was immer Sie gemeinsam aushecken. Ja, aber, eine Strafe bei Ihnen im Büro – das geht nicht, weil ... Fünf Euro!

Müssen Sie auch dauernd?

Als meine Kinder noch klein waren, führte ich viele Seminare mit dem Titel „Der Spagat zwischen den zwei Fs“ (Fs = Firma und Familie oder Firma und Freunde) durch. Dabei ging es darum, vom hektischen Alltag mehr in Richtung „idealer Tag“, also nicht Urlaubstag, sondern zu einem „idealen Alltag“ zu kommen. Die Teilnehmer waren meistens berufstätige Frauen mit und ohne Kinder, die aus dem Stress, den der Spagat mit sich bringt, heraus wollten. Eine der ersten Aufgaben bei so einem Seminartag war es, eine Ist-Analyse eines normalen Tages zu erstellen. *„Um 6 Uhr klingelt der Wecker. Neben mir liegt mein Mann und schnarcht. Zehn Minuten später stehe ich auf. Ich muss ins Bad …“* Gefordert war also eine sehr detaillierte Aufstellung. Eines Tages, die Übung war gerade wenige Minuten angelaufen, sprang eine Frau auf und rief: *„Jetzt bin ich noch keine 15 Minuten wach und musste schon 10-mal …“*

Was glauben Sie? Wie oft am Tag sagen oder denken Sie: „Ich muss …“? Halten Sie kurz inne und notieren Sie die Zahl.

Wenn ich diese Frage in den Raum warf, kamen Zahlen wie 20-mal (das waren die Optimisten), 50-mal (das waren die Realisten) oder 100-mal (das waren die Pessimisten). Tatsache ist: Die meisten Menschen denken und sagen am Tag über 200-mal „ich muss“. Ich persönlich führte tagelang Strichlisten und verschiedene Teilnehmerinnen schrieben mir, dass sie die 200 oft schon am frühen Nachmittag erreicht hatten.

Was passiert mit Ihnen, wenn Sie andauernd „müssen“? Diese Art zu denken und zu sprechen verursacht Stress. Sie lässt Sie unsicher wirken, wenig souverän. In der Erfolgssprache ersetzen Sie das Wort „muss“ durch „will“ und „kann“. Sogar „darf“ ist eine Möglichkeit, wenn es passt. Was denken Sie, wenn jemand zu Ihnen sagt: *„Ich muss noch schnell einkaufen“*? Blitzen bei Ihnen auch Gedanken wie *„Oh, der Arme ist ganz schön im Stress“* auf? Übrigens, wenn Sie in Politdiskussionen hineinhören, sagen die Gäste nie „Ich muss …“, maximal kommt ein „Wir müssen …“ frei nach dem Motto: Geteiltes Leid ist halbes Leid. Öfter hören Sie jedoch „Die anderen müssen …“

Angenommen, Ihre Kollegin braucht einige Daten, die Sie für sie heraussuchen sollen. Bei welcher Antwort werden Sie eher als Partnerin auf Augenhöhe gesehen: a) *„Da muss ich nochmals den PC hochfahren.“* oder b) *„Ja, gerne, ich kümmere mich darum.“* Sogar wenn Sie sagen würden: *„Ja, gerne, ich kümmere mich morgen darum“*, würde es souveräner klingen, als Version a).

Egal, ob Sie um etwas gebeten werden oder eine Chance erhalten, ab sofort springen Sie über Ihren Schatten und machen es „gerne“. Nutzen Sie die Erfolgssprache. Das Gute daran: Sie empfinden tatsächlich weniger Stress und wirken sehr viel souveräner.

Die Aussage, die unser Gegenüber am liebsten hört, ist: *„Ja, gerne, ich kümmere mich darum …“* Verschenken Sie sie doch einfach öfter. Sie werden feststellen, in Ihrer Umgebung wird sich einiges verändern.

Übrigens, niemand in unserem Umfeld „muss“. Weder Ihre Kunden: *„Sie müssen bitte die Rechnung faxen, damit ich etwas dazu sagen kann“* noch Ihre Familie: *„Du musst noch den Müll runterbringen“*. Denken Sie daran, niemand mag „müssen“, jedoch erledigen Menschen gerne etwas für uns, wenn sie wissen, weshalb sie es tun sollen und als Sahnehäubchen oben auf, was sie davon haben.

Ich bin ein Star – holt mich hier raus

Kinder entdecken im Alter von 15 bis 18 Monaten, dass sie eine eigene Persönlichkeit sind. In diesem Alter erkennen sie sich zum ersten Mal im Spiegel. Das Wort „ich“ sprechen sie zu diesem Zeitpunkt noch nicht aus. Das kommt dann im Alter zwischen zwei und drei Jahren. Bei meinen Kindern war das in der ersten Trotzphase, die so um den zweiten Geburtstag herum stattfand. Nach unserem Namen ist „ich" unser zweites Lieblingswort.

„Der Esel nennt sich selbst zuerst" ist eine alte Redensart. Folgende Frage dazu habe ich in einem Internetportal[6] gefunden:

Frage: *„Warum stören sich viele Leute daran, wenn man sich selbst zuerst nennt? Beispielsweise: Ich und mein Nachbar gingen gemeinsam ... Die wichtigste Person muss doch am Anfang stehen. Die meisten kennen meinen Nachbarn gar nicht, mich aber schon."*

... Die wichtigste Person muss doch am Anfang stehen ... Ich weiß nicht, wie es Ihnen damit geht, aber ich habe sehr geschmunzelt, als ich diese Aussage las. In der heutigen Zeit spricht nicht wirklich etwas dagegen, wenn Sie sich bei einer Aussage als Erstes nennen. Für mich ist dies oft eine Aussage, die zeigt, dass ich Verantwortung übernehme. Jungen Menschen fällt es meistens gar nicht auf und bei älteren Menschen können Sie sich in der Erfolgssprache anpassen und „ich" nachsetzen.

Für die Erfolgssprache ist es schädlicher, wenn sich in einem Gespräch alles um das jeweilige „Ich" der Gesprächspartner dreht, wenn Sie zum Beispiel eine Geschichte erzählen, Ihr Gegenüber aber mit einem Satz wie *„Moment mal, das habe ICH auch schon erlebt ..."* reingrätscht und dann munter drauflos erzählt. Mehr dazu erfahren Sie in Kapitel 7.

Jetzt geht es mehr darum, das „ich" in ein „du" oder „Sie" zu verwandeln. Anstatt *„Ich bin überzeugt davon, dass ..."* ist es sehr viel mehr von Erfolg gekrönt, wenn Sie sagen/fragen: *„Welche Erfahrung haben Sie damit gemacht?"* Oder statt der Wortfolge *„Ich erzähle Ihnen schnell, wie es war"*, sagen Sie in der Erfolgssprache: *„Wie ist es Ihrer Meinung nach abgelaufen?"* Im E-Mail- oder Briefverkehr klingt es besser, anstatt *„Ich habe Ihnen als Anlage die Kopien gesandt"* zu schreiben: *„Als Anlage erhalten Sie die Kopien."* Das Motto lautet daher: Weniger „ich", mehr „du" oder „Sie", je nach Kontext. Sehen Sie sich Ihre E-Mails der letzten Wochen an Ihre Vorgesetzte oder Ihre Kunden, aber auch an familiäre Schreibpartner einmal genauer an. Wenn Sie zählen, wie oft „ich" vorkommt und dann, wie oft „du" zu finden ist, welches Wort haben Sie mehr gebraucht? Dabei fällt es unseren Gesprächspartnern sehr viel leichter, unsere Meinungen und Überzeugungen anzunehmen, wenn sie nicht ausschließlich mit einem „ich" verbunden sind, sondern öfter das „du" oder „Sie" enthalten. Wenn Sie sich an Ihren nächsten Brief oder Ihre nächste E-Mail setzen und das Gefühl haben, Sie bekommen keinen geraden Satz mehr zusammen, dann schreiben Sie den Text doch wie immer und wandeln ihn erst anschließend um. Ein kleiner Hinweis am Rande: „Wir" im Businesskontext ist ein Synonym für „ich". Also raus mit dem „wir" und „ich" und rein mit dem „du" bzw. „Sie".

Übrigens, damit es kein Missverständnis gibt: „ich" und „wir" sind nicht verboten, sie sollten nur weniger vorkommen. Also brechen Sie sich nicht die Ohren beim Formulieren. Setzen Sie „ich" und „wir" bewusst ein oder entscheiden Sie sich für die Alternative.

Eigentore vermeiden – Volltreffer gezielter einsetzen

Wie schaffen Sie es, Eigentore zu vermeiden? Gewohnheiten, besonders in der Sprache, sitzen fest, sie sind jahrelang geübt und trainiert. Die gute Nachricht: Was Sie sich angewöhnt haben, können Sie sich auch wieder abgewöhnen. Es ist nicht mit Ihnen verwachsen – nur eine Gewohnheit.

Hören Sie sich in den nächsten Tagen öfter selbst genauer zu. Fragen Sie Personen Ihres Vertrauens, welche der „Eigentore“ Sie gerne und häufig verwenden. Dann erstellen Sie eine Liste. Bringen Sie die Liste in eine Reihenfolge Ihrer persönlichen Priorität entsprechend.

Angenommen, Sie wollen als Erstes das Wort „muss“ durch die Wörter „ja, gerne“ ersetzen. Streichen Sie das Wort oder die Wörter „ich muss“ auf Ihrer Liste aus, schreiben Sie auf eine Karte oder einen Zettel die Wörter „ja, gerne ...“ und legen Sie sich diese Karte an einen Platz, an dem Sie sich den Großteil des Tages aufhalten. Das kann das Armaturenbrett Ihres Autos, Ihr PC oder Ihre Werkbank sein. Wann immer Sie das Papier bewusst wahrnehmen, sagen Sie „ja, gerne“, wenn es annähernd in den Kontext Ihres Gesprächs passt. Wenn gerade niemand mit Ihnen spricht, dann denken Sie „ja, gerne“.

Die vier Lernstufen des Homo sapiens

Nach relativ kurzer Zeit wird Ihnen auffallen, dass Sie entgegen Ihrer Vorsätze das Wort „muss“ verwendet haben, obwohl Sie es vermeiden wollten. Die meisten Menschen ärgern sich, wenn ihnen das passiert. Sie nicht, freuen Sie sich darüber, dass Sie es bemerkt haben! Wir können Dinge nur ändern, wenn wir ein Bewusstsein dafür haben. Etwas, das wir nicht bemerken, können wir auch nicht ändern. Den nächsten Lernschritt haben Sie erreicht, wenn Ihnen mitten in den Wörtern „Ich muss ...“ auffällt, dass Sie sie gerade aussprechen. Es kann sein, dass Sie sogar kurz ins Stocken geraten, also über Ihre Worte stolpern. Sie beginnen, das „ja, gerne“ oder nur „gerne“ sozusagen nachzuschieben. Im dritten Schritt stocken Sie, bevor Sie das Wort „muss“ oder die Wörter „ja, gerne ...“ sagen wollen. Das heißt, Sie setzen jetzt bewusst, das gewünschte „gerne“ ein. Die neuen

Wörter drängen von nun an immer häufiger nach vorn und „müssen“ kommt seltener. Jedes Mal wenn es Ihnen gelingt, das gewünschte Wort einzusetzen und Sie bemerken es, huscht Ihnen ein Lächeln über Ihre Lippen. Probieren Sie es aus! Das passiert wirklich. Ja, und im vierten Schritt gehen Ihnen die neuen Begriffe unbewusst flüssig über die Lippen. Man spricht dabei von den vier Lernstufen des Homo sapiens.

Sie erleben beim Lernen einen mehrfachen Wechsel von bewusster und unbewusster Fähigkeit. Die vier Stufen können Sie auch gut beim Erwerb des Führerscheins sehen. Die erste Stufe: unbewusste Inkompetenz. Im Alter von fünf, sechs Jahren sind Sie zum Beispiel im Auto Ihrer Eltern mitgefahren. Sie wussten damals nicht, dass Sie nicht Autofahren können und einen Führerschein brauchen, um es erlaubterweise zu tun. Sie waren ahnungslos: „Ich weiß nicht, dass ich nichts weiß.“

Im Alter von sechzehn, siebzehn Jahren wussten Sie wohl, dass Sie das Autofahren im Sinne eines Führerscheinbesitzers nicht können. Sie hatten damit die zweite Stufe erreicht: bewusste Inkompetenz. „Ich weiß, dass ich nichts weiß.“

Der dritte Schritt kam an Ihrem achtzehnten Geburtstag. Wir gehen einmal davon aus, dass Sie Ihren Führerschein genau am 18. Geburtstag erhalten haben. Anschließend begaben Sie sich gleich auf Ihre erste Alleinfahrt mit dem Auto. Können Sie sich noch erinnern, wie behutsam Sie Gas-, Kupplungs- und Bremspedal bedienten und den Gang einlegten? Fast so andächtig wie beim Walzertanzen 1–2–3, 1–2–3. Bewusste Kompetenz!

Tja, und wenn ich heute Ihr Beifahrer wäre und Sie plötzlich während der Fahrt fragen würde, was Sie gerade mit den Füßen machen, könnte es sein, dass Sie vor Schreck auf die Bremse treten, aus Angst, Sie hätten etwas Wichtiges vergessen oder falsch gemacht. Denn die Bedienung von Gas-,

Kupplungs-, Bremspedal und Gangschaltung erledigen Sie heute vollständig unbewusst. Sie haben das Stadium der unbewussten Kompetenz erreicht. Meinen Glückwunsch!

Genauso ist es, wenn Sie sich eine neue Gewohnheit aneignen. Es braucht ein bisschen Zeit, aber es ist möglich. Wenn Sie nach circa einer Woche die ersten Wörter Ihrer Erfolgssprache angenommen haben, schauen Sie auf Ihre Liste und arbeiten Sie mit den nächsten Wörtern auf dem Weg zur Erfolgssprache.

3. Anstoß: Abgrenzung oder Entgrenzung – Wieso es nicht immer gut ist, „nein“ zu sagen

Kurz vor Feierabend im Lebensmittelmarkt um die Ecke: Eine junge Mutter mit drei kleinen Kindern, eines im Kindersitz, eines rechts und eines links am Einkaufswagen, läuft eilig durch die Gänge. Bei dem Regal mit den Nudeln bleibt sie stehen und studiert eingehend das Angebot. Währenddessen entfernen sich zwei der Kleinen und sind blitzschnell mit drei, vier Süßigkeiten in der Hand zurück. Sie lassen sie unauffällig in den Einkaufswagen gleiten. Die Mutter hat zwei Nudelsorten ausgewählt und will diese in den Wagen legen. Dabei sieht sie die Süßigkeiten, legt die Nudeln ab, sammelt die Gummibären, Kinderschokolade und Überraschungseier ein und wendet sich mit den Worten *„Nein, heute werden keine Süßigkeiten gekauft“* den Kindern zu. Sofort entsteht eine wilde Diskussion. Die Kinder betteln erst, dann werden sie sauer. Die Mutter bleibt konsequent. Schlagartig schmeißt sich eines der Kinder auf den Boden und schreit wie am Spieß: *„Iiiich will aaaber!“* Tränen kullern aus den Augen, die Backen laufen hochrot an und schon stimmt das zweite Kind, zwar noch aufrecht stehend, aber nicht minder lautstark, in das Geschrei ein: *„Iiiich auch!“* Das war immer der Moment, in dem ich meine Kinder links liegen ließ, drei Reihen weiter um die Ecke bog und mich unschuldig schauend an der Wursttheke anstellte, um für das Frühstück meiner drei Kinder am nächsten Morgen einzukaufen. Manchmal fragte die Wurstfachverkäuferin die anstehenden Damen: *„Was ist denn mit den armen Kindern? Was fehlt denen denn? Och, die Armen.“* Ich bemühte mich weiterhin um einen unbeteiligten Blick, die Kinder kannte ich nicht, soweit ich weiß, hatte ich sie schon vor längerer Zeit zur Adoption freigegeben. Innerlich fragte ich mich auch: Was in aller Welt ist in meine drei Lieblinge gefahren? Der ganze Aufstand, nur weil ich „nein“ gesagt habe. Der ganz normale Wahnsinn von Mutter und Kind/ern und dem Wörtchen „nein“.

Um Missverständnissen vorzubeugen, meine Kinder durften Schokolade und Co. essen, oft sogar, aber eben nicht immer. Nein, sie waren dem Hungertod nicht nahe, sie haben auch Mittagessen gehabt. Es ging also nicht um ihr Überleben, obwohl sich das Geschrei genauso anhörte.

Im Laufe der Zeit lernte ich, dass es die pure Verzweiflung darüber ist, das Gewünschte nicht zu bekommen, den eigenen Willen nicht durchsetzen zu können und buchstäblich gegen die Wand aus vier Buchstaben N-E-I-N zu laufen. Es ist die unglaubliche Enttäuschung, dass weder bitten, fordern noch stänkern hilft. Nein bleibt nein. Was soll so ein hilfloses Kind da schon tun? Es schreit seinen Schmerz in die Welt hinaus. Persönlich bin ich der Meinung, dass wir das heute noch immer machen, uns auf den Boden werfen, mit den Beinen strampeln und laut schreien: *„Ich will aber!“* Uns kam nur etwas dazwischen, das nennt man Erziehung, deshalb ist es nicht mehr so offensichtlich. Aber innerlich spielen sich Dramen ungeheuren Ausmaßes ab. Denn Hand aufs Herz: Wer von Ihnen, liebe Leserinnen und Leser, hört schon gerne ein „Nein“ als Antwort?

Zur ungeliebten Wortfamilie des „Neins“ gehören auch die Wörter: „nicht“ und „nie“. Es ist schon eine Krux mit dem kleinen Wörtchen „nein“. Einerseits möchten wir möglichst kein „Nein“ als Antwort erhalten, wenn wir unsere Wünsche äußern, andererseits sagen wir häufig selbst „nein“ oder „nicht“ und in manchen Situationen benutzen wir das kurze Wort viel zu selten und vor allem zu wenig bewusst.

Für mich war die wichtigste Erkenntnis im Umgang

mit dem „Nein“, welches mir meine Gesprächspartner als Antwort gaben, folgende: Ein „Nein“ ist kein Angriff gegen mich. Es ist ein Veto für den, der das „Nein“ ausspricht. Sie oder er will mir damit im Allgemeinen nichts Böses. Sie oder er wählt das „Nein“ als Einspruch, um sich zu schützen. Der gewünschte Schutz ist fast so vielfältig wie die Anzahl der Menschen. Doch oft geht es darum, dass der „Nein“-Sager noch nicht genug Wissen hat oder sich unsicher ist, was er wirklich will oder sich überfordert fühlt oder, oder. Wichtig ist nur eines: Es ist nicht gegen mich, sondern für ihn (den „Nein“-Sager)! Egal ob in meiner langjährigen Erfahrung als Vertriebsmitarbeiterin, ob als Partnerin in meinen Lebensgemeinschaften, als Freundin oder als Mutter, es ging nie darum: *„Jeder würde ein ‚Ja‘ bekommen, nur du nicht.“* Und das gilt sicher auch in 99,9% der Fälle, in denen Sie ein „Nein“ erhalten. Über sich hinauszuwachsen bedeutet auch, ein „Nein“ nicht persönlich zu nehmen. Wenn es Ihnen gelingt, es als neutrale Reaktion Ihres Gegenübers zu sehen, werden Sie sehr viel erfolgreicher und nervensparender reagieren.

Auf der anderen Seite ist es sehr verwunderlich, wie oft wir „nein“ sagen, obwohl es keine Notwendigkeit dafür gibt. In unserem Kommunikationsalltag gehen wir meistens recht sorglos, geradezu inflationär mit diesem kleinen Wort um. Ein Beispiel, bei dem Sie sich ertappt fühlen könnten: Sie rufen in einem Unternehmen an, um Frau Müller zu sprechen. Ihr Anruf wird von Frau Huber entgegengenommen, die Ihnen mitteilt, dass Frau Müller nicht im Hause ist. Dabei bietet Sie Ihnen an: *„Kann ich Ihnen helfen?“* Ihre Antwort lautet mit hoher Wahrscheinlichkeit: *„Nein …“*, vielleicht auch *„Nein, danke.“* oder *„Nein, ich rufe später wieder an“* … und viele weitere Varianten. Ich habe immer das Gefühl, dieses „Nein“ ist fast wie ein Schlag ins Gesicht. Eine Dame oder ein Herr bemühen sich, uns Hilfe anzubieten und wir wischen sie einfach so vom Tisch. Dabei wäre es so leicht, wertschätzend zu reagieren. Sagen Sie stattdessen einfach: *„Ja, gerne. Sagen Sie mir, wann Frau Müller wieder im Hause ist"* oder *„Ja, gerne. Richten Sie ihr bitte aus …"* oder *„Ja, gerne, wenn ich mich später wieder melde, erreiche ich sie dann wieder über Sie?"* Und es gibt noch viele, viele Variationen davon. Dabei geht es gar nicht so sehr darum, dass Frau Huber wirklich tatkräftig etwas für Sie tut, es ist mehr eine Geste, die zeigt, Freundlichkeit und Hilfsbereitschaft werden von Ihnen wahrgenommen und anerkannt. Eine kleine Redewendung, die die Welt verändert, zumindest einen kurzen Moment lang für Frau Huber. Und Sie wissen ja schon, das Wort „gerne" zaubert einen Hauch von Lächeln auf Ihr Gesicht, das auch durchs Telefon spürbar ist. Die gesamte Atmosphäre des Gesprächs verändert sich und zieht eine Reihe von positiven Kreisen nach sich. So ähnlich, wie wenn Sie einen Stein ins Wasser werfen und dann beobachten, wie viele Kreise um die Einwurfstelle entstehen. Meine Gesprächspartner werden aufgrund meiner „Ja-gerne"-Antwort oft recht kreativ, bieten mir aktiv einen Rückruf an und so manches mehr. Probieren Sie es aus! Streichen Sie das „Nein", wenn Sie leicht „ja" sagen können und damit Ihrer Umwelt eine Freude machen, auch in Kleinigkeiten des Alltags. Positive Formulierungen tun Ihrer Seele gut und bleiben bei Ihren Gesprächspartnern sehr viel besser in Erinnerung.

Hilfe – ich brauche dich nicht

Eine andere Situation mit einem vorschnellen „Nein" erlebte ich einmal in einem mittelständischen Unternehmen. Ich wurde als Teamtrainerin gerufen, da die Geschäftsführerin den Eindruck hatte, ihr Team sei wenig an Zusammenhalt und Teamarbeit interessiert. Sie hatte das Gefühl, dass alle Arbeit und Verantwortung ausschließlich auf ihren Schultern und in ihren Händen lag. Im Laufe des Tages führte ich mit den Mitarbeitern folgende Teamübung durch: Ein dickes Tau lag als Linie auf dem Boden. Es wurden Dreierteams gebildet, die die Aufgabe hatten, das Seil als Team zu überqueren. Das erste Team war dabei sehr kreativ. Als nächstes Team war die Geschäftsführerin mit zwei Kollegen an der Reihe. Sie hatte Pumps mit mittelhohen Absätzen an und wollte das Seil überqueren, indem sie auf ihm balancierte. Es sah sehr wackelig aus. Sofort sprangen ihre beiden Helfer an ihre Seite und reichten ihr die Hand. In diesem Moment riss sie beide Hände hoch und zeigte eine deutliche Abwehrbewegung in Richtung der beiden Helfer. Gleichzeitig sagte sie laut: *„Nein, danke."* Sie sagte es höflich, aber deutlich. Fast im selben Augenblick fielen die Hände herunter und sie brach in Tränen aus. Die Teilnehmer sahen sehr überrascht zu ihr hin, sie hatten ihre Chefin noch nie weinen sehen. Sie beruhigte sich schnell und erklärte dann: *„Ich weiß jetzt, warum mir niemand von euch hilft, ich sage immer ‚nein' und merke es gar nicht. Heute ist es mir zum ersten Mal offensichtlich bewusst geworden."* Es wurde ein richtig schöner Trainingstag mit vielen Plänen, wie die Teams noch erfolgreicher zusammenarbeiten können.

Geht es Ihnen auch manchmal so, dass Sie Hilfe routiniert mit einem „Nein" ablehnen? Tja, dafür gibt es viele logische Gründe: *„Das dauert zu lange, bis ich es meinem Mitarbeiter erklärt oder beigebracht habe"* oder *„Das kann sie oder er nicht"* oder *„Danach sind wieder so viele Fehler drin, da kann ich es gleich selbst machen"* oder *„Der oder die macht es nicht richtig"*, wobei „richtig" ein Synonym für „so wie ich" ist. Ich kenne das. Mein Lebenspartner amüsiert sich köstlich, wenn ich die Wohnung aufräume, bevor unsere Reinigungsdame kommt und meine Begründung dazu dann lautet: *„Das kann die nicht richtig.“* Er hat sich darauf verlegt, mich auszulachen, wenn ich das sage. Netter gesagt, er nimmt es mit Humor. Ich suche jetzt immer nach besseren Argumenten. Das ist aber nicht so einfach. Das Problem liegt ganz woanders. Es führen viele Wege nach Rom und richtig ist es, wenn das Ergebnis stimmt. Der Weg dorthin ist selten das ausschlaggebende Kriterium. Andere Menschen, andere Wege. Und wenn das Ergebnis nicht stimmt, bedeutet es, über sich hinauszuwachsen, wenn wir unseren Teammitgliedern oder Mitarbeitern oder Lebenspartnern und auch unseren Kindern zeigen und erklären, wie es erfolgreicher geht, beziehungsweise warum das zu erreichende Ergebnis nur genau so sinnvoll ist. Unsere Umwelt ist lernfähig, wenn wir sie lassen. Ansonsten stehen wir immer als Letzte in der Küche und im Büro oder in der Werkstatt. Es ist unsere Entscheidung, wie wir mit der Hilfsbereitschaft der anderen umgehen. Übrigens, unsere Partner und Kinder sind auch nur Menschen, und Menschen sind schon mal bequem. Wenn sie also lernen, dass wir ausflippen, wenn noch Krümel zurückbleiben oder ein Glas auf den Boden fällt, wir womöglich sogar sofort hinspringen und ihnen den Lappen aus der Hand reißen, um die Reinigung sorgfältig selbst zu erledigen, dann kann „Fehler machen“ sehr schnell zum System werden. Und alle sitzen bereits gemütlich im Wohnzimmer, während wir noch den letzten Krümel entfernen. Hören Sie auf zu reagieren, wenn ein Glas auf den Boden fällt. Scherben bringen Glück. Notfalls halten Sie sich beide Hände vor den Mund, so habe ich das gemacht, bis ich gelernt hatte, mich nicht immer einzumischen. Sie werden merken, Ihre Familie ist im Grunde ihres Herzens hilfsbereit. Unterbrechen Sie das Erwachsenenspiel.

Nachdem es uns offensichtlich sehr schwerfällt, Hilfe anzunehmen und wir mit dem „Nein“ sehr schnell zur Stelle sind, ist es umso erstaunlicher, wie schwer es uns fällt, zu

Gesprächspartnern „nein“ zu sagen, die etwas von uns wollen. Untersuchungen haben ergeben, dass uns ein „Nein“ bei verschiedenen Gesprächspartnern unterschiedlich schwer fällt. Eine repräsentative Umfrage von TNS Emnid im Auftrag von Focus ergab, dass es Frauen und Männern ihrem Hund gegenüber noch am leichtesten fällt, „nein“ zu sagen. Aber immerhin haben noch 14% ein Problem damit. Liebe Leserinnen und Leser, wenn Ihr Hund bei einem „Nein“ zubeißt, ist er falsch konditioniert. Da ist etwas schiefgelaufen. Schwieriger wird es dagegen, unserem Vorgesetzten gegenüber mit „nein“ zu antworten. 36% der Männer und 47% der Frauen haben damit große Probleme. Dagegen fällt es uns Frauen (54%) leichter, unserem Lebenspartner gegenüber „nein“ zu sagen, aber nur 48% der Männer wiederum antworten ihren Partnerinnen gegenüber mit „nein“. Damit ist klar, wer die wahren Chefs sind. Doch Humor beiseite, denn jetzt wird es richtig ernst. Bei Freunden und Bekannten sagen 61% der Frauen „ja“, wenn sie „nein“ meinen, gefolgt von den Männern, die in 57% der Fälle mit „ja“ antworten, obwohl sie sehr viel lieber „nein“ gesagt hätten.

Doch Hoffnung naht, wenn wir älter werden. Denn beiden Geschlechtern fällt es leichter, „nein“ zu sagen, wenn sie über 60 Jahre alt sind. In dieser Altersgruppe sagen 77% „nein“, wenn sie „nein“ meinen. Lebenszeit ist wertvoll und will sinnvoll genutzt werden.

Das „Ja“, das eigentlich ein „Nein“ ist

In Deutschland leben zwar mit 51,2% geringfügig mehr Frauen als Männer, aber unter dem Strich lässt sich sagen: Der Anteil der „Ja-statt-Nein-Sager“ beträgt ungefähr 50%. Jeder bzw. jede zweite Deutsche sagt „ja“ obwohl er/sie „nein“ meint. Die Gründe dafür sind vielfältig. Zum einen wollen wir niemanden verärgern, zum anderen sind wir oft im Denken gar nicht so schnell, denn bis wir alle Eventualitäten abgewogen haben, ist das „Ja" schon draußen und wir ärgern uns anschließend schrecklich darüber. Manch einer wäre auch gerne Superfrau oder Supermann und immer hilfsbereit für alle da. Dann würde ein „Nein" Schwäche bedeuten oder wir befürchten, als „Liebling" aller aus dem Rennen zu fallen. Viele Gründe, die ein „Ja" beinahe automatisch aus uns herausspringen lassen. Und die Aussage *„Was kümmert mich mein Geschwätz von gestern, nichts hindert mich, weiser zu werden"* fällt nicht allen Menschen so leicht wie Konrad Adenauer.

Wenn wir vorschnell ein „Ja" ausgesprochen haben, aber eigentlich „Nein" meinen, wäre es natürlich am einfachsten, den Mut aufzubringen, hinterher zu sagen: *„Du, ich habe ‚ja' gesagt, aber nicht bedacht, dass ich eine andere Verpflichtung habe – weil ich bereits meiner Mutter Hilfe zugesagt habe/... weil ich diese Woche noch keine Zeit hatte, mich um meine Aufgaben zu kümmern. Es würde mir zu viel werden und deshalb schaffe ich es nicht, deiner Bitte so nachzukommen, wie du es erwarten würdest. Dann wären wir beide unglücklich und deshalb ziehe ich mein ‚Ja' zurück."* Das ist sicher sehr mutig und eine große Herausforderung, die umso größer wird, je länger wir sie hinauszögern. Doch es funktioniert. Zum einen benutzen Sie das kleine Wörtchen „weil" und unsere Gesprächspartner kommen mit dieser Form der Begründung besser zurecht, wie Sie im Anstoß Nummer 2 erfahren haben, und zum anderen ziehen sie ihre Bitte um einen Gefallen sehr schnell zurück, wenn sie merken, dass sie auf Widerstand stoßen.

Die bessere Lösung ist es, dass wir uns angewöhnen, um Bedenkzeit zu bitten. Gerade wenn Sie dazu neigen, zu oft und zu schnell „Ja" zu sagen und dabei „Nein" zu meinen. Lernen Sie, fast wie eine automatische Antwort um Aufschub zu bitten: „*Einen Augenblick, gib mir fünf Minuten zum Nachdenken*“ oder „*Ich rufe dich in einer halben Stunde an und sage dir Bescheid – ich will meinen Terminkalender prüfen.*“

Damit gewinnen Sie Zeit, können die Anfrage, die Sie gerade erhalten haben, in Ruhe durchdenken, um dann zu entscheiden, ob es für Sie machbar ist oder eben nicht. Wenn Sie sich nach reiflicher Überlegung für ein „Ja“ entscheiden, sind Sie auch mit viel Freude dabei, es gibt keinen negativen Stress. Wenn Sie zum Schluss kommen, dass es für Sie nicht passt, haben Sie Zeit, eine alternative Lösung anzubieten: eine andere Person, die Sie empfehlen können – einen anderen Zeitpunkt, der besser passen würde oder Ähnliches mehr.

Modell: böser Dritter

Nutzen Sie die Möglichkeit, zum Modell böser Dritter zu greifen. Das sieht dann so aus: „*Da muss ich erst meine Frau fragen*“ alternativ „*Da muss ich erst mit meinem Mann sprechen*“. Frau und Mann lassen sich beliebig ersetzen, durch Chef, Bruder oder sogar der Nachbar kann herhalten, dem Sie diesen Termin unter Umständen schon versprochen haben. Das nenne ich das Modell des „bösen“ Dritten, da es gegebenenfalls leichter ist, zu sagen „*Ich muss jemanden fragen*“ als zu sagen „*Das möchte ich nicht.*“ Nach der Denkpause können Sie dann zurückkommen und antworten: „*Du, mein Mann hat gesagt, das geht nicht, da haben wir schon etwas anderes vor.*“ Emanzipierter klingt es so: „*Du, mein Mann hat mich gebeten, dass ich ihn zu einem Termin begleite*“ oder „*Du, meine Frau hat gesagt, da muss ich die Garage aufräumen, ich würde viel lieber dir helfen, aber heute ist die Garage dran.*“

Das kleine Wörtchen „nein" hat in unserem Alltag eine große Wirkung, besonders auch auf unser Wohlbefinden. Der richtige Umgang damit ist eine große Unterstützung, um unser Leben erfolgreicher zu gestalten. Es hilft uns, mit unseren persönlichen Ressourcen hauszuhalten. Es gibt uns Raum für wichtige persönliche Freiheiten. Es sorgt dafür, dass unsere Unterstützung, die wir gewähren, wenn wir uns für ein „Ja" entscheiden, mehr Wertschätzung erfährt, weil wir nicht gewohnheitsmäßig „Ja" sagen, sondern nur noch in Einzelfällen. Setzen Sie ein „Nein" ein, wenn es für Sie richtig und wichtig ist. Haben Sie den Mut, deutliche Grenzen zu setzen. Sie werden und bleiben für Ihre Umwelt dadurch ausgeglichener und mehr auf Augenhöhe.

Wenn „nein" zu „nicht" wird – und damit sinnlos

Kennen Sie das noch, die kleinen Schilder, die in den Städten auf genauso kleinen Rasenflächen standen: „Rasen nicht betreten" oder als Synonym: „Rasen betreten verboten"? Gerade spazierten Sie noch brav auf dem Gehweg und jetzt haben Sie das unbändige Bedürfnis, den Rasen zu betreten. In Ihrem Kopf erscheint das Bild, dass mitten durch die Wiese die Strecke viel kürzer wäre. Oder Sie stellen sich vor, wie weich es sich anfühlen würde, auf dem Rasen zu gehen. Alles Gedanken, die Ihnen nicht in den Sinn gekommen sind, bevor Sie das Schild gesehen hatten. Obwohl mir als Jugendliche der Blick für die Schönheit einer Grünfläche noch fehlte, lief ich in so einem Fall erst recht einige Schritte in die blühende Wiese. „Mal sehen, ob mich jemand davon abhalten kann", waren dabei meine Gedanken. Heute weiß ich, das muss nicht sein. Doch dieser unbändige Wunsch, das Verbotene erst recht zu tun, ist bei uns allen ungebrochen. Einige Webdesigner und Marketingexperten nutzen diesen

Drang und gestalten immer mehr Knöpfe, Schaltflächen oder Briefumschläge auf denen steht: „Drücken verboten“ oder „Öffnen verboten“. Ich habe mir sagen lassen, die Klickrate sei hier besonders hoch.

Doch wenn wir Rasenbesitzer, Vorgesetzte, Eltern, Freunde oder Lebenspartner uns tatsächlich wünschen, dass Spaziergänger oder unsere Mitarbeiter, Kinder, Freunde oder Lebenspartner sich anders verhalten beziehungsweise anders bei einem Arbeitsauftrag vorgehen, als sie es tatsächlich tun, was wäre dann zu tun?

Bisher haben die meisten gerne mit folgenden Sätzen gearbeitet: *„Rasen nicht betreten!“*

Oder bei Kindern: *„Schmeiß die Tür nicht zu!“*, *„Lass dein Mäppchen nicht liegen!“*

Oder als Vorgesetzter: *„Vergessen Sie nicht, abzusperren!“*, *„Bestellen Sie nicht erst nächste Woche!“*

Oder als Lebenspartner: *„Schmeiß deine Socken nicht immer neben das Bett!“*, *„Ramme nicht wieder den Bordstein beim Einparken.“*

Wir neigen dazu, unsere Wünsche negativ zu formulieren. Moment, das stimmt nicht. Im Grunde genommen formulieren wir sie positiv. Wir sagen, was wir jetzt gerade nicht wollen. Es ist das Erste, was uns zu einer bestimmten Situation einfällt. Es ist der erste spontane Gedanke, wenn wir vor den Socken auf dem Boden stehen, der erste spontane Gedanke, wenn wir das schmerzende Geräusch des kratzenden Bordsteins an der Felge unseres Autos hören. Und ja, der rosarote Elefant ist das Erste, was uns einfällt, wenn wir rosaroter Elefant hören. Ansonsten müssten wir ja von hinten durch die Brust ins Auge denken. Das heißt aber nicht, dass unser Gehirn das Wörtchen „nicht“ nicht denken kann, das ist Quatsch.

Der Sinn positiver Formulierungen liegt mehr darin, dass es uns leichter fällt, das zu tun, was von uns erwartet wird, wenn uns klar gesagt wird, wie die Erwartungen aussehen. Wir lieben klare Anweisungen, sie beschleunigen den Vorgang. „*Schmeiß die Tür nicht zu*" würde uns erst einmal stoppen. Okay, zuschmeißen sollen wir nicht. Innerer Dialog: „*Was soll ich stattdessen tun? Aha, vielleicht leise schließen. Wie geht das? Mal überlegen. Am Griff nehmen und den Griff herunterdrücken, Tür ins Schloss ziehen und Griff heruntergedrückt lassen. Schließen. Leise. – Okay, geklappt. Super!*" Das wäre alles viel leichter, wenn die Anweisung von vornherein gelautet hätte: „*Nimm die Türklinke in die Hand und schließe die Tür leise.*"

„*Benutzen Sie die Gehwege*" hilft uns, nicht auf die falschen Gedanken zu kommen und richtig toll wäre gewesen: „*Danke, dass Sie die Gehwege benutzen*", „*Bitte bringe deine Socken in den Wäschekorb im Badezimmer*", „*Stecke dein Mäppchen immer in dieses kleine Fach.*" Mit der Zeit verbindet sich das Mäppchen mit dem kleinen Fach als ein Bild und es fällt unseren Kindern leichter, das Mäppchen auch einzustecken bzw. beim Schließen der Schultasche das kleine Fach als leer wahrzunehmen und das Fehlen des Mäppchens noch rechtzeitig zu bemerken. Oder als Vorgesetzter: „*Bestellen Sie noch heute die fehlenden Artikel, wir brauchen Sie am Montag.*"

Negative Formulierungen verankern sich schlechter in unserem Gehirn als positive Formulierungen. Es ist schwer, sich vorzustellen, wie wir etwas nicht tun. Es ist sehr viel einfacher, in Gedanken zu sehen, was und wie wir es tun. Bleiben Sie positiv, besonders in Ihrer Sprache!

Dies gilt vor allem dann, wenn es darum geht, dass Sie etwas tun sollen, von dem Sie glauben, es nicht zu können. „*Das kann ich nicht*", „*Das schaffe ich nie*" oder „*Das bin nicht ich*". Stimmt. Im ersten Moment. Mich erinnern diese Aussagen immer an eine Geschichte in Österreich, die ich einmal mit meinen Seminarteilnehmern erlebte.

Können oder können wir nicht? Das ist hier die Frage!

Ich saß mit meinen Seminarteilnehmern beim Mittagessen und der Nachtisch wurde gerade in kleinen Gläsern gereicht. Bisher war das Essen, Vorspeise und Hauptgang, ausgezeichnet gewesen. Auch der Service ließ in keinem Fall zu wünschen übrig. Wir tunkten den kleinen Löffel in eine luftige Creme und führten ihn zum Mund, schon hörten wir wohlige Laute: mmmh, super. Bis auf einen: „*Aua!*" Er schrie kurz auf und spuckte etwas in seine Hand. Es war eine Glasscherbe. Er steckte den Löffel nochmals ins Glas und beförderte das zweite kleine Glasstück heraus. Sofort riefen wir die Kellnerin und zeigten ihr das Malheur. Sie sah den Gast an und meinte: „*Das war bestimmt nicht in unserer Nachspeise. So etwas machen wir nicht.*" Dann drehte sie sich um und verschwand Richtung Küche. Wir saßen buchstäblich sprachlos da, Mund und Augen weit aufgerissen, echt geschockt. Das war eine Reaktion, 180 Grad anders, als wir den ganzen Tag den Service in diesem Hotel erlebt hatten. Die Sprachlosigkeit wich, alle sprachen wild durcheinander und ich wollte mich gerade auf den Weg zum Chef machen, da kam die junge Frau wieder, mit einem Kollegen. Beide trugen ein Tablett auf ihren Händen. Der Kollege hatte kleine Tellerchen mit Apfelstrudel und Vanillesoße dabei, die junge Dame das Tablett voller kleiner Schnapsgläser. Sie traten an unseren Tisch und die Frau entschuldigte sich formvollendet für die Scherben im Nachtisch und sie hätten jetzt für jeden einen kleinen Schnaps auf den Schrecken und natürlich einen neuen Nachtisch, in dem ganz sicher keine Glasscherben drin seien. Die erste Reaktion der Servicekraft entstand wohl aus dem Schock, da sich Glasscherben unter keinen Umständen im Essen befinden dürfen, schon gar nicht in einem gehobenen Haus. Ihre Reaktion war für mich ein Synonym für: „Ich kann nicht." Übrigens gebe ich seitdem

Restaurants und Hotels immer die Möglichkeit der zweiten Chance.

Manchmal trifft uns ein Anliegen so überraschend, dass uns der Ausspruch „Ich kann nicht" schon entschlüpfen darf. Doch es darf nur ein Überraschungsausruf sein, keine Einstellung. Denn wenn es Ihre Einstellung ist, dass Sie etwas nicht können, dann manifestieren Sie sie. Sie wird dann zur Eigenschaft und Eigenschaften können tatsächlich nicht geändert werden. Stefan Frädrich schrieb einmal: *„Der eigentliche Haken besteht also darin, dass wir ein Verhalten, welches wir jederzeit ändern können, zu einer Eigenschaft machen. Und Eigenschaften lassen sich eben nicht verändern. Ein Haus ist fünfstöckig, eine Kobra ist giftig, wir sind ‚das kann ich nicht!'-Typen. Basta. Und verdammt blöd …"*

Anstatt *„Ich kann nicht Englisch sprechen"*, lautet die positive Formulierung: *„Seit Kurzem besuche ich regelmäßig einen Englischkurs …"* oder *„Ich werde nächste Woche mit meinem Englischkurs beginnen"* oder etwas schwächer, aber immer noch positiv: *„Bisher konnte ich kein Englisch, aber …"*

In der heutigen Zeit, in der es den zweiten und den dritten Bildungsweg gibt, in der an jeder Ecke ein Kurs für fast jedes Thema angeboten wird, in der wir um zu lernen nicht einmal mehr das Haus verlassen und uns an Stundenpläne halten müssen, weil wir fast alles übers Internet lernen können, hat jeder von uns die Chance, sich weiteres Wissen anzueignen. Und das unabhängig von Zeit, Geld und Ort. Das Einzige, was wir als Voraussetzung benötigen, ist unser Wille, es zu tun und anzufangen.

Wachsen Sie über sich hinaus, indem Sie Ihre Sprache ändern und anstatt *„Ich kann nicht …"* Formulierungen nutzen wie: *„Bisher habe ich das noch nie gemacht, aber heute ist ein guter Tag, damit anzufangen"* oder *„Bis zu unserem nächsten Treffen weiß ich darüber Bescheid …"* oder *„In* *der Vergangenheit hat mich dieses Thema nicht interessiert, aber …"*

Es gibt ganz wenige Dinge, die wir heute wirklich nicht mehr lernen können, vielleicht das eine oder andere im Sport – aber alles, was etwas mit Wissen oder Verhalten zu tun hat, können wir ab heute lernen, wenn wir es wollen. Vielleicht werden Sie dabei nie ein Sebastian Vettel in …, aber eines ist sicher: Sie werden ein guter Autofahrer in … – was immer für Sie wichtig ist. Packen Sie es an, heute ist der erste Tag, an dem Sie den ersten Schritt für Ihr neues Wissen oder Ihre neue Herausforderung gehen!

4. Anstoß: Der Bankrott einer Willenserklärung oder: das Spiel mit der Verantwortung

Vor einigen Jahren betrat ich ein Elektrogeschäft in einem Vorort von München. Ich wollte einen speziellen Stecker für meine Fernsehantenne kaufen. Die Verkäuferin mittleren Alters fragte nach meinen Wünschen und schickte mich dann zu einem Regal, bei dem ich mein Glück versuchen sollte. Kurz danach kam ein Mann in das Geschäft und sagte: *„Ich interessiere mich für diesen Dampfreiniger, den ich gerne kaufen möchte."* Es war Samstagvormittag, der Laden fast leer, außer meiner Person und diesem Mann. Die Frau sah ihn mit erstaunten Augen an. Ihre Antwort: *„Ich bin nur die Aushilfe und kenne mich nicht aus."* Er: *„Gibt es jemanden, der mir das Gerät verkaufen und erklären kann?"* Sie: *„Der Chef ist heute nicht da – kommen Sie am Montagmorgen wieder."* Der Kunde: *„Am Montag bin ich im Büro, ich will das Gerät jetzt kaufen."* Sie: *„Ich bin nur die Aushilfe ..."* Der Mann strich noch dreimal um den Dampfreiniger und ging dann zum Ausgang, um das Geschäft zu verlassen. Ich war damals selbst im Vertrieb/Verkauf tätig und mir blutete das Herz. Am liebsten wäre ich ihm nachgelaufen und hätte ihn nach seinem Namen und seiner Telefonnummer gefragt, um dem Ladenbesitzer diese zu hinterlassen. Der schöne Umsatz war ihm entgangen.

Kundinnen und Kunden interessiert es nicht, in welchem vertraglichen Verhältnis der Mitarbeiter mit dem Unternehmen steht. In dem Moment, in dem ich einen Laden betrete, ist der Verkäufer die Visitenkarte des Unternehmens. Ich mache ihn für das gesamte Geschäft verantwortlich. Das gilt übrigens für jeden Mitarbeiter eines Unternehmens, auf den wir treffen. Egal ob in der

Telefonzentrale, in der Personalabteilung, im Einkauf oder in der Reklamationsbearbeitung. Dass jede Mitarbeiterin und jeder Mitarbeiter die Visitenkarte seines Unternehmens darstellt, hat eine lange Tradition, die früher auch für den Hof, also das Bauerngut und die Familie galt. Der Knecht oder die Magd repräsentierte die Gutsfamilie, der Sohn oder die Tochter die Familie. Damals war man sich dieser Tatsache bewusst und benahm sich entsprechend oder auch nicht, je nach Einstellung und Verhältnis zum Oberhaupt der Familie oder zum Gutshof. Aber wenn sich einer danebenbenahm, galt dies für die gesamte Familie, man bedauerte den Besitzer entweder oder verachtete ihn wegen mangelnder Führungsleistung.

Wir versuchen, uns mit dem Wort „nur" aus der Verantwortung zu ziehen. Das Wort „nur" drückt aus: Ich bin kein Teil des Ganzen, sondern nur ein Anhängsel. Ich bin nicht wichtig und nicht verantwortlich. Jeder, der das Wort „nur" im Zusammenhang mit seiner Person verwendet, macht sich klein, unscheinbar und farblos. Er signalisiert: *„Bei mir bist du falsch …, tu' mir nichts."* Mitarbeiter in sehr großen Unternehmen sagen gerne Sätze wie: *„Ich weiß nicht, was die da oben entscheiden, ich bin nur ein (kleiner) Angestellter …"*, oder so ähnlich. Mit diesem „nur" geben wir jegliche Verantwortung für uns und unser Leben ab. Wir werden wie ein Blatt im Herbstwind, das von einer Seite der Straße zur anderen geweht wird, mal hochwirbelt und wieder herunterfällt und dann im Nirgendwo verschwindet, kaum wahrgenommen, eines von vielen, unscheinbar und unwichtig.

Das ist sehr schade. Denn die Wirklichkeit ist ganz anders. Sie sind wichtig. Sie sind einmalig. Sie sind etwas Besonderes. Jeder von uns hat einen eigenen Charakter, eine eigene Schönheit. Jeder von uns kann die Welt ein Stückchen verändern, etwas bewegen. Wenn wir die Verantwortung übernehmen. Der erste Schritt dazu ist, das Wörtchen „nur" im Zusammenhang mit unserer Person zu entfernen.

In Verbindung mit unangenehmen Dingen hat das kleine Wort durchaus seine Berechtigung. Es ist *nur* ein kleiner Pieks, wenn es um eine Impfung geht. Es sind *nur* 99 Euro, wenn wir den Preis so klein wie möglich darstellen wollen. In *nur* einer Stunde kommt die Oma, wenn die Kinder schon ungeduldig warten. Situationen oder Gegenstände können bei passender Gelegenheit ruhig kleingemacht werden, hier ist es sinnvoll. Nur Menschen sollten sich immer als etwas Großes und Einmaliges sehen.

Die vielen Kleinmacher

Es gibt neben dem „nur" noch eine ganze Reihe weiterer Kleinmacher: *„Ich hoffe, es geht so"*, *„Ich glaube, das stimmt so"* oder *„Ich denke, es wird funktionieren"*. Im Umgang mit unseren Gesprächspartnern „hoffen", „glauben" und „denken" wir viel zu oft. Wir vermeiden es, Stellung zu beziehen. Wir möchten die Verantwortung für das weitere Geschehen nicht übernehmen oder uns die Mühe machen, das gerade Geschehene zu überprüfen. Oder wir haben zwar alles überprüft und geklärt, sind aber zu perfektionistisch, um weitere Möglichkeiten und Varianten auszuschließen und sichern uns mit hoffen, glauben und denken ab.

In meiner Tätigkeit als Trainerin und Coach werde ich immer wieder gefragt: *„Weshalb nehmen mich meine Gesprächspartner nicht ernst?"* Ich frage dann nach: *„Wie zeigen die jeweiligen Gesprächspartner denn, dass sie Sie nicht ernst nehmen?"* An welchen Reaktionen und Handlungen machen meine Coachees „ich werde nicht ernst genommen" fest?

Besonders Frauen erzählen mir, dass sie mit Titeln wie

„Mädchen, gib mir mal den Chef" angesprochen werden oder dass der Anrufer seine schlechte Laune an ihnen auslässt. Beim Verbinden geben die Frauen ihrem Chef oder ihrer Chefin dann ein Zeichen, dass der Anrufer schlecht gelaunt ist oder sich gerade in rüdem Ton beschwert hat. Nach dem Gespräch berichten die Vorgesetzten ihrer Mitarbeiterin –oder ihrem Mitarbeiter, denn dieses Phänomen gilt für beide Geschlechter –, dass der Anrufer ganz „normal" gesprochen habe und sie, die jeweiligen Chefs, gar nicht verstehen, wie ihre Mitarbeiterin auf die Idee kommt, der Anrufer sei schlecht gelaunt gewesen.

Aus meiner Erfahrung gibt es drei Gründe für die unterschiedliche Wahrnehmung beziehungsweise das unterschiedliche Verhalten der Anrufer. Zum einen ist da natürlich der Chefbonus. Gesprächspartner verhalten sich gegenüber Personen, die sie per Positionsbeschreibung auf Augenhöhe sehen, auch mehr auf Augenhöhe. Das heißt, sie achten auf ihre Wortwahl und auf den Ton sowie die Modulation ihrer Stimme. Meiner Erfahrung nach ist der Anteil des Chefbonusses sehr viel geringer als allgemein angenommen. Die zweite Ursache für einen veränderten Ton und eine sachlichere Wortwahl liegt darin, dass sich niemand zweimal hintereinander wegen der gleichen Sache genauso stark aufregen kann. Wenn Sie sich gerade bei Ihrer Freundin über einen Kollegen aufgeregt und voller Wut Ihr Herz ausgeschüttet haben, werden Sie bei Ihrem nächsten Gesprächspartner zwar immer noch ärgerlich, aber schon gemäßigter nochmals berichten. Dies gilt übrigens nicht nur für negative Emotionen, sondern auch für positive Emotionen. Denken Sie nur an Ihre erste große Liebe. Auch wenn später Beziehungen kamen, die viel länger hielten und sogar zur Familiengründung führten, die erste große Liebe wird immer etwas Besonderes bleiben. Auch die Trauer nimmt ab, wenn wir Menschen verloren haben, die wir sehr mochten. Viele von Ihnen kannten die Großeltern väterlicher- und mütterlicherseits. Wenn diese altersmäßig ähnlich lagen, kann es passieren, dass sie zeitlich nahe aneinander sterben. Die Trauer beim Tod der Verwandten ist, wenn Sie alle sehr mochten, beim ersten Verstorbenen viel intensiver als bei den späteren Todesfällen. Das ist ein Schutzmechanismus, den wir haben, um große Emotionen zu überstehen. Deshalb wird ein Anrufer beim zweiten Gesprächspartner, in unserem Beispiel der Vorgesetzte, auch sachlicher im Gespräch.

Tja, und damit kommen wir zur dritten Ursache, weshalb es bei emotionalen Anrufern oft zu großen Abweichungen in der Modulation der Stimme und der Wahl der Ausdrücke gegenüber der Assistentin oder dem Assistenten und zwischen dem anschließenden Gespräch mit dem Chef oder der Chefin kommt: Das liegt an der Art und Weise, wie Sie wahrgenommen werden und diese Wahrnehmung hat viel mit der Wahl Ihrer Wörter und deren Modulation zu tun. Die Modulation der Wörter wird zum einen bewusst durch Sie gesteuert oder die Wahl der Wörter steuert Ihre Modulation. „Ja, gerne ...", wirkt normal gesprochen sehr offen und freundlich. Außer Sie stecken Energie in diese zwei Wörter, dann können Sie diese beiden Wörter auch herrisch oder beleidigt klingen lassen. „Darf" normal gesprochen wirkt leise, zurückhaltend und vorsichtig. Wenn Sie Energie hineinstecken, kann auch das Wörtchen „darf" herrisch klingen. Mir ist es wichtig, Ihnen Wörter zu zeigen, die sie leichter, ja fast spielend unterstützen. Denn gerade wenn eine Situation wie ein aufgebrachter oder widerwilliger Gesprächspartner für uns eine größere Herausforderung ist, dann fällt es uns schwerer, unsere Wortwahl und Modulation zu steuern. Deshalb nutzen Sie im normalen Gesprächsalltag Wörter, die Sie unterstützen und Modulationen, die Sie auf Augenhöhe mit Ihrem Gegenüber bringen. Je klarer und verbindlicher Sie sprechen, desto mehr werden Sie auf Augenhöhe behandelt.

Vor Kurzem hatte ich wieder einmal die Gelegenheit, eine Mitarbeiterin direkt an ihrem Arbeitsplatz beim Gespräch mit ihrem Kunden zu beobachten und anschließend zu coachen. Das Ziel des Coachings war es, dass die Mitarbeiterin stärker und konsequenter in der Verhandlung wurde. „Den Umsatz erhöhen und die Rabatte senken" war das Motto der Aktion. In diesem speziellen Fall sagte einer der Anrufer zu meiner Coachee: *„Ich höre an Ihrer Stimme, dass da noch was drin ist."* Ja, besser hätte ich es auch nicht ausdrücken können, außer, dass es weniger die Stimme, sondern vielmehr die Wortwahl der Dame war, die den Kunden zum „Mehr" in der Verhandlung reizte. Sätze wie: „Normalerweise ist der Preis zehn Euro pro Stück" oder „Eigentlich kostet es fünfzehn Euro" senden dem Anrufer das Signal: „Da geht noch was ...". Das gilt aber auch im privaten Umfeld: „Hilfst du mir am Sonntag beim Einpacken für meinen Umzug in der nächsten Woche?" Ihre Antwort: „Sonntag ist eigentlich unser Familientag, normalerweise kann ich da nicht." Wir gehen davon aus, dass Sie grundsätzlich helfen würden, aber nicht sonntags, dann wäre ein klares Statement: „Am Sonntag ist Familientag. Gerne helfe ich dir am Samstag."

Nur was in aller Welt sollen Sie sagen, wenn Sie sich nicht sicher sind, wenn Sie nötige Informationen nicht haben? Sollen Sie glauben oder hoffen, dass Ihr Wissen reicht? Ein Zauberwort, welches Sie sofort in den Augen Ihrer Gesprächspartner besser aussehen und als verbindlich gelten lässt, ist die Aussage: *„Ich kümmere mich darum und sage Ihnen in ein paar Minuten Bescheid."* Das ist einer unserer absoluten Lieblingssätze, die wir täglich mehrmals hören wollen. Jemand kümmert sich um uns. Da ist ein Gegenüber, das kann, will und wird sich um unser Anliegen kümmern. Wenn Sie dann noch tun, was Sie versprochen haben und dabei einen zeitlichen Rahmen einhalten, dann können Sie im ersten Moment wirklich keine Ahnung von einer

Angelegenheit haben und trotzdem außergewöhnlich kompetent wirken. Ein mit klarer und fester Stimme vorgetragenes: *„Ich habe mir Ihre Frage notiert und kümmere mich sofort darum. Heute um 15.00 Uhr erhalten Sie eine verbindliche Auskunft"*, lässt keine Zweifel bei Ihrem Gesprächspartner hochkommen. Außer er hat Ihnen diese Frage schon mehrfach gestellt und Sie haben Ihren Wissenshorizont über einen längeren Zeitraum nicht erweitert. Dann hilft auch diese Aussage nicht mehr. Was uns zum Ausgangspunkt dieses Kapitels zurückkommen lässt: Die Verantwortung, welche wir auf Dauer nicht nur für unsere Wortwahl, sondern auch für die Bereitschaft, unser Wissen täglich ein Stückchen weiter auszubauen, haben. Über den eigenen Schatten hinauszuwachsen, bedeutet, den eigenen Wissensrahmen regelmäßig zu sprengen und sich für die Aufgaben und die Möglichkeiten, denen wir tagtäglich begegnen, ernsthaft zu interessieren und auch die Energie aufzubringen, immer wieder etwas dazuzulernen. Frank Appel, Vorstandschef der Deutschen Post AG und Biologe sagt dazu in der F.A.Z vom 26. Januar 2014: *„Die moderne Forschung zeigt: Man kann ein ganzes Leben lang sein Gehirn verändern, es wird nicht nur von den Genen geformt, sondern von dem, was wir erleben. Deshalb müssen wir uns unserer Verhaltensmuster bewusst werden, um uns zu verändern."*

Verräterische Sprache

Unsere Sprache ist verräterisch, und zwar mehr als wir glauben. Viele Wörter, besonders die kurzen Pronomen, Artikel und Präpositionen, geben tiefe Einblicke in unser Innenleben und verraten unsere Gedanken, Gefühle und Motivationen. Der Sozialpsychologe James Pennebaker von der Universität

Texas sagt: *„Wie oft jemand ‚ich' sagt, ob er selten ‚die', ‚der', ‚das' gebraucht oder ihm ständig ‚wahrscheinlich' oder ‚niemals' über die Lippen kommt, sagt eine Menge darüber aus, was in ihm und in seinem Leben vor sich geht."* In seinem Buch „The secret life of pronouns" (Das geheime Leben der Pronomen) meint er, dass das kurze Personalpronomen „ich", sehr viel mehr von geführten Menschen genutzt wird, als von Anführern. Die Erklärung dazu lautet, dass Pronomen anzeigen, worauf der Sprecher seine Aufmerksamkeit richtet. Menschen mit einem geringeren Status achten mehr auf sich selbst und zeigen dies, indem sie häufiger „ich" sagen, dagegen wollen Führungspersönlichkeiten andere beeinflussen und sprechen deshalb viel mehr von „wir" und „du".

Verräterische Wörter sind nicht nur die vielen kurzen Pronomen, sondern vor allem Wörter im Konjunktiv. Seit Jahren trainieren wir in meinen Trainings und Coachings, den Konjunktiv soweit als möglich zu vermeiden. Der Konjunktiv wird ja in vielen Nachschlagewerken und im Alltag als Wunsch- oder Möglichkeitsform verwendet. *„Wenn ich die Unterlagen erhalte, würde ich mich darum kümmern."* Doch hier schleicht sich ein Missverständnis ein. In der Grammatik steht der Konjunktiv dafür, dass es unwahrscheinlich ist, dass etwas geschehen wird. Die Aussage ist hypothetisch, unwirklich und unerfüllbar. Daniel Scholten von Belles Lettres: Deutsch für Dichter und Denker (Podcast) spricht davon, dass die Aussage eine Wahrscheinlichkeit von 0,0 hat. Denn es ist die Aufgabe des Konjunktivs (für alle Grammatiker – es ist der Konjunktiv 2) Unwirklichkeit oder Unmöglichkeit zum Ausdruck zu bringen. *„Wenn wir mit ihm Befehle, Aufforderungen, Wünsche, Wahrscheinlichkeiten oder Möglichkeiten zum Ausdruck bringen wollen, überschätzen wir den Konjunktiv gnadenlos"*, so Daniel Scholten.

Was bringt uns dann Tag für Tag dazu, im Konjunktiv zu

reden? Laut meinen Teilnehmerinnen und Teilnehmern gibt es dafür drei Gründe: Zum Ersten, wir wollen höflich sein.

Wir wollen höflich sein

„Bring mir die Tasse!“, erinnert uns zu sehr an einen Befehl. So wollen oder können wir mit der Person, die uns die Tasse bringen soll, nicht sprechen oder umgehen. Also sagen wir: *„Könntest du mir die Tasse bringen?“* Jetzt sind wir höflich, glauben wir. Nun, meiner Meinung nach zweifeln wir mit diesem Satz die Fähigkeit unseres Gesprächspartners, eine Tasse zu bringen, stark an. Wobei sich die Zweifel auf seine geistigen Fähigkeiten oder auf seine zeitlichen Möglichkeiten beziehen könnten. Doch das wird unser Gesprächspartner entscheiden. Jugendliche in ihrer „pampigen“ Phase antworten darauf schon mal: *„Hältst du mich für blöd? Hol' dir deine ... Tasse selbst.“* In dieser Phase sind sie oftmals nicht dazu bereit, zu verstehen, was eigentlich gemeint war. Sie wollen grob und unhöflich sein und wir geben ihnen die Vorlage dafür. Sachlich gesehen haben sie nicht unrecht. Nun, dann tauschen wir *„Könnest du ...“* einfach in *„Würdest du mir die Tasse bringen?“* Gemeint ist immer noch: *„Bring mir die Tasse.“* Nur lassen wir unserem Gesprächspartner jetzt die Wahl. Wenn er will, versteht er eine Frage. Sachlich gesehen hat er damit vollkommen recht und die Frage, ob er etwas für uns tun würde, schließt automatisch die Möglichkeit ein, „nein“ zu sagen. Und dieses „Nein“ erhalten wir nicht nur von pubertären Jugendlichen, dieses „Nein“ erhalten wir tatsächlich oft von unseren Gesprächspartnern.

In den zehn Jahren, in denen ich als Inhaberin eines Callcenters tätig war, hatte ich viele Gelegenheiten, unterschiedliche Aussage- und Frageformen sowie die verschiedensten Formen von Aufforderungen zu testen. Eine lange

Testreihe, die ich dabei durchgeführt habe, war, wenn meine Mitarbeiter und ich mit dem richtigen Ansprechpartner für unser jeweiliges Anliegen verbunden werden wollten. In den meisten Fällen sagen Anrufer: *„Könnten Sie mich (bitte) mit Herrn Müller verbinden?"* oder *„Würden Sie mich (bitte) mit Herrn Müller verbinden?"* Nun ist es das Ziel unserer Mitarbeiter gewesen, tatsächlich mit dem entsprechenden Ansprechpartner verbunden zu werden und unser Anliegen nicht(!) mit der Telefonzentrale zu besprechen. Wir führten also Strichlisten, wie oft wir mit welcher Aussage verbunden wurden. Diese Strichlisten haben wir in den verschiedensten Branchen verwendet und bei den unterschiedlichsten Zielpersonen. Die Aussagen „Könnten Sie ..." und „Würden Sie ..." haben zu den schlechtesten Ergebnissen geführt. Wir wurden dabei immer wieder mit Fragen wie *„Um was geht es denn?"* ausgebremst. Besser wurde es, wenn wir folgende Aussage benutzten: *„Verbinden Sie mich bitte mit Herrn Müller ..."* Ich habe bewusst beim Schreiben dieses Beispielsatzes auf ein Satzzeichen verzichtet. Denn ob es sich bei der Aussage um eine Aufforderung handelt oder um eine Frage, entscheiden Sie, als Sprecherin oder Sprecher. Ihre Modulation definiert die Aussage oder die Frage. Bei der Frageform gehen Sie am Ende des Satzes mit der Stimme nach oben oder nach unten, dadurch kommt jetzt ein unsichtbares Fragezeichen und damit ein ähnlich schlechtes Ergebnis, wenn es darum geht, ob Sie durchgestellt werden oder nicht. Es ist vergleichbar mit der Verwendung des Konjunktivs. Bleiben Sie mit der Stimme am Satzende gerade, gehen Sie also nicht nach oben oder nach unten, dann wird der Satz mit einem unsichtbaren Punkt oder sogar mit einem unsichtbaren Ausrufezeichen beendet. Je klarer und gerader Ihre Stimmmodulation, desto größer ist der Dominanzanteil und somit Ihr Führungsanspruch in der Aussage. Damit haben Sie eine klare Aufforderung oder Bitte, Sie doch endlich zu verbinden. Wenn Sie den Satz *„Verbinden Sie mich bitte mit Herrn Müller …"* als Aufforderung zur Tat aussprechen wollen, ist es notwendig, sich sehr auf die Modulation der Stimme zu konzentrieren. Das gelingt nicht immer, aber diese Variante war noch nicht die beste, um tatsächlich verbunden zu werden.

„Bitte verbinden Sie mich mit Herrn Müller", erhielt auf unseren Strichlisten immer mit Abstand die meisten Erfolgsstriche. Nehmen Sie nun den Eingangssatz *„Bring mir die Tasse"*, der zugegebenermaßen eher nach Befehl klingt und wandeln Sie ihn in *„Bitte bring mir die Tasse"* um, so wird der Befehl zur Aufforderung oder zur charmanten Bitte, je nachdem, wie viel Charme Sie in das kleine Wort „bitte" legen. Um höflich zu sein, braucht es bei Bitten oder Aufforderungen an unsere Gesprächspartner keinen Konjunktiv, im Gegenteil, er schadet eher dem Ergebnis. Es bedarf einfach einer charmanten Aussprache des Wortes „bitte" und unsere Sprache wird höflich und freundlich, bleibt aber klar in der Forderung.

Wenn sich eine Kollegin um ein Projekt kümmern soll, lautet die erfolgreiche Aufforderung: *„Bitte, kümmere dich um das Projekt Phönix."* Weitere Beispiele sind: „Bitte sende mir die Informationen per SMS, da ich unterwegs bin." Wenn Sie einen Termin für eine Gehaltsverhandlung brauchen, lautet die Aufforderung: *„Herr Meier, bitte sagen Sie mir, wann Ihnen ein Termin für unsere jährliche Gehaltsverhandlung passt."*

Klare Aufforderung führt zu klarem Ergebnis

Was ist der zweite Grund, weswegen meine Teilnehmer gerne in den Konjunktiv ausweichen? Laut den Aussagen während meiner Trainings und Coachings liegt der Grund in der Verantwortung für das Gesagte. Je weicher und unverbindlicher ich mich ausdrücke, desto weniger kann ich anschließend zur Verantwortung gezogen werden.

Vor einiger Zeit hatte ich das Vergnügen, einen Tag in einer Jury für Speaker zu sitzen. Diese Referenten hielten Vorträge zu ihren jeweiligen Themenkompetenzen. Es war ein Speaker dabei, der sehr packend über das Thema Work-Life-Balance sprach, anschauliche und nachvollziehbare Argumente brachte und mit seinen Beispielen immer wieder ins Schwarze traf, sodass sich jedes Jurymitglied in Bezug auf das eigene Leben ertappt fühlte. Unglücklicherweise beendete er die meisten der guten Gedanken mit den Sätzen: *„Vielleicht denken Sie auch so? Vielleicht könnten wir das mal als Gruppe benennen? Vielleicht sollten wir dieses mal ansprechen?"* Am Ende hatten wir alle das Gefühl, dass das Thema sehr gut gewesen wäre, wenn der Redner dahintergestanden hätte. Aber solange er nur glaubt, dass etwas vielleicht so sein könnte oder man eventuell jenes tun sollte, solange wird er seine Zuhörer nicht in den Bann ziehen, wird sie nicht faszinieren. Sie werden sich nicht auf das, was er sagt, konzentrieren und nicht anwenden, was er vorschlägt. Er ist nicht mit gutem Beispiel vorangegangen, um durch ein klares Standing zu zeigen, dass er hinter dem, was er erzählt, steht und wir ihm deshalb unbedenklich folgen können.

Und so wenig wie dieser Redner die Verantwortung für seine Aussagen übernahm, so wenig übernehmen Menschen die Verantwortung für ihre Aussagen, wenn sie jedes Mal eine Form des Konjunktivs verwenden: *„Ich müsste mal schauen, ob ich das schaffe"*, *„Wenn ich könnte, würde ich ja gerne"* oder *„Wenn sich eine Möglichkeit finden würde"*. Oder Aussagen, die wir gerne innerhalb der Familie verwenden, wie: *„Jemand sollte mal den Keller aufräumen."* Welcher Vater oder welche Mutter jetzt hofft, am Samstagnachmittag mit der restlichen Familienschar fleißig beim Aufräumen zu sein, wird enttäuscht werden. Oder Kollegen, die meinen: *„Ich müsste heute noch die Unterlagen versenden"*, werden es sicher auf den nächsten Tag verschieben. Oder wenn Sie in einem Unternehmen anrufen und Ihr Gesprächspartner sagt: *„Ich versuche es mal und melde mich, wenn ich etwas finden sollte"*, dann können Sie sicher sein, dass Sie von dieser Person freiwillig nichts mehr hören.

Watteweich durchs Leben wandern

Konjunktive sind die Wattebäuschchen der Verantwortung. Watteweich durchs Leben zu wandern, wirkt im ersten Moment viel leichter und einfacher. Tatsächlich verhindern diese Wattebäuschchen aber, dass Sie ernst genommen werden, dass andere Ihnen etwas zutrauen und Sie fordern, aber auch fördern. Schauen Sie sich die eine oder andere (Polit-) Talkshow im Fernsehen an? Wenn ja, hören Sie einmal genau hin. Keiner der Gäste spricht im Konjunktiv, wenn es um seine Leistungen in der Vergangenheit, Gegenwart oder in der Zukunft geht. Kein Filmstar wird jemals sagen: *„Ja, mir wurde die Rolle als Seeräuber angeboten – wenn ich schon Erfahrung mit derartigen Rollen hätte, würde mir die Entscheidung leichter fallen, aber so ...?"* Kein Politiker wird jemals sagen: *„Ja, ich bin für die Frauenquote, ich wüsste aber nicht, ob ich Sie durchsetzen könnte. Ich versuch's mal."* Wenn einer der Talkgäste tatsächlich gerade ein vollkommen neues Aufgabengebiet übernommen hat, dann hat er einen klaren Plan und auch wenn dieser nur aussagt, mit wem er sich beraten wird, damit er dieser neuen Aufgabe vollkommen gerecht wird.

Springen Sie über Ihren Schatten und übernehmen Sie die Verantwortung für Ihr Tun! Streichen Sie den Konjunktiv aus Ihren Sätzen, so oft wie möglich. Sie werden erleben, dass neue Gesprächspartner Sie auf Augenhöhe sehen und sich Ihnen gegenüber entsprechend verhalten werden.

Gedankenlose Gewohnheit

Neben dem Bestreben höflich zu sein und dem Zurückschrecken davor, Verantwortung zu übernehmen, liegt der dritte und letzte Grund für die häufige Verwendung des Konjunktivs nach Aussage meiner Teilnehmerinnen und Teilnehmer darin, dass die Macht der Gewohnheit zuschlägt und sie sich bisher noch wenig Gedanken darüber gemacht haben, beziehungsweise kein Bewusstsein dafür hatten, welche Auswirkung die vagen und unspezifizierten Aussagen haben. Doch in den Diskussionsrunden rund um das Thema „Auf Augenhöhe mit meinen Gesprächspartnern" erkennen sie, weshalb der eine oder andere regelmäßige Gesprächspartner im Berufsleben oder im privaten Umfeld es oft an der nötigen Achtung und respektvollen Umgangsweise fehlen ließ. Sie hatten ihm einfach die falschen Signale gesandt. Sie haben die Möglichkeit, es ab sofort zu ändern.

Nutzen Sie die Macht der klaren Sprache. Sie packen die Dinge entweder bewusst an, erledigen die Aufgaben selbstverständlich oder kümmern sich um die Details, die Sie bis gerade eben, bevor die Aufgabe auf Sie zugekommen ist, nicht wussten. Und genauso wie Sie bisher aus Gewohnheit den Konjunktiv nutzten, gewöhnen Sie sich jetzt Aussagen an wie: *„Ich erledige das …"*, *„Ich kläre das …"*, *„Ich kümmere mich …"* oder *„Ich mache das gerne …"* Diese Art der Sprache verändert buchstäblich Ihre Haltung. Sie werden merken, dass Sie aufrechter gehen und dabei Ihrem Gesprächspartner öfter in die Augen sehen. Diese Formulierungen wirken auf Sie und Sie werden stolz auf sich sein. Weiter vorne haben Sie bereits von Frank Appel gelesen.

In dem zitierten Interview sagte er außerdem: „... *Wenn Sie das [neue Verhaltensmuster] mehrfach einüben, wird das Gehirn anders verdrahtet – und Sie ändern Ihr Verhalten. Das geht mir genauso, ich verhalte mich heute anders als vor sechs Jahren, als ich Vorstandsvorsitzender geworden bin.*“

Auch ich habe mir viele Gewohnheiten abgewöhnt und neue bewusst antrainiert. Bis vor einiger Zeit habe ich sehr oft „kein Problem“ gesagt, im Sinne von „you're welcome“ (bitte, gern geschehen, keine Ursache, nichts zu danken). Ich fand meine gut gemeinten Worte jedoch nicht so charmant wie das amerikanische oder britische „you're welcome“. Dann hörte ich einen Kollegen in solchen Situationen „alles gut“ sagen und empfand diese Worte als viel schöner als „kein Problem“. Ich nahm mir also vor, mir diese Redewendung in sehr kurzer Zeit anzugewöhnen. Und es gelang. Ich war überrascht, wie schnell das ging und erfreue mich immer wieder daran, wenn ich die Aussage „alles gut“ anbringen kann. Sie können das auch, bei den Redewendungen, die Ihnen wichtig sind.

5. Anstoß: Grüner Klee – der Stoff, gegen den sich niemand wehren kann

Vor langer Zeit: Ich sitze im Auto auf meinem langen Weg zum Kunden. Dabei fällt mir der gestrige Abend ein. Er war schön, sehr friedlich. Die Kinder waren unglaublich hilfsbereit gewesen. Jennifer hatte den Tisch gedeckt. Tom hatte später die Spülmaschine eingeräumt und die vielen Tiere gefüttert, vor allem Löwenzahn für die Hasen gesammelt. Und ich? Vor lauter Abendessen zubereiten, Hausaufgaben kontrollieren, Anruf einer Coachee und Planung für den heutigen Kundenbesuch habe wieder mal nichts gesagt. Kein Lob hat meine Lippen verlassen. Dazu bin ich als alleinerziehende Mutter einfach nicht mehr in der Lage. Das schaffe ich nicht. Jetzt könnte ich sie loben. Die Fahrt läuft gut. Ich bin entspannt. Ich habe Zeit. Doch nun sitzen die Kinder in der Schule und ich im Auto. Da sind Welten dazwischen. Aber heute Abend werde ich nachholen, was ich gestern versäumt habe. Das nehme ich mir jetzt ganz fest vor. Die Kinder haben es verdient. Es war wirklich ein schöner Abend gestern. Weiter geht die Fahrt.

Am Abend. Ich bin zu spät. Auf dem Rückweg hat es einen Unfall gegeben – ich bin ewig lange im Stau gestanden. Dann noch die lange Schlange an der Kasse im Supermarkt. Aber ohne frische Zutaten hätte es wieder nur Pizza gegeben, also habe ich mich eben in die Reihe gestellt. Aktentasche unterm Arm, rechts und links eine Einkaufstüte kurz vorm Aufplatzen und im Mund den Schlüssel vom Aufsperren, stoße ich die Eingangstür auf, stürme in den Wohnungsflur und falle als Erstes über Nicks Schultasche. Verdammt! Lautes Kindergeschrei aus dem Wohnzimmer. Jennifer schlägt mit einem Kissen bewaffnet auf Tom ein, der sich lachend vom Sofa rollt und dabei die Sofapolster gleich mitreißt. Nick steht feixend mit sandverschmierten

Gummistiefeln auf dem Wohnzimmerteppich und feuert seinen Bruder an, sich von seiner Schwester nichts gefallen zu lassen. Und ich – brülle los …

Im Bett. Irgendetwas habe ich heute vergessen. Da war etwas. Es war wichtig. Verflixt, was war es? … Stimmt, ich wollte die Kinder loben.

Das war der Tag, an dem ich beschloss: Wenn ich die Kinder loben will – dann tue ich es sofort. Und wenn die Kinder und ich in diesem Moment meilenweit voneinander entfernt sind, dann rufe ich sie eben an oder spreche auf den Anrufbeantworter. Lieber per AB gelobt als gar nicht gelobt.

Wurden Sie heute schon gelobt? Haben Sie heute schon gelobt? Gäbe es jemanden, den Sie gerne loben würden, jemanden, der es schon länger verdient hätte? Ich verspreche Ihnen, mein Buch samt Inhalt ist auch in zehn Minuten noch da. Legen Sie es jetzt weg und rufen Sie die Person, an die Sie gerade eben gedacht haben, einfach an oder wenn sie in der Nähe ist, gehen Sie hin und loben Sie sie. Jetzt! … Danke schön! Das haben Sie gut gemacht. Ich bin stolz auf Sie.

Im deutschsprachigen Raum wird zu wenig gelobt. Laut einer repräsentativen Umfrage des Bürodienstleisters Regus, der mehr als 17.000 Personen aus über 80 Ländern befragte, gaben 62% der deutschen Mitarbeiter an, dass für sie ein gutes Arbeitsklima von Lob und Anerkennung abhängt. Weltweit sind es 60%. Und was in der Berufswelt recht ist, kann in unserem Familien- und Freundeskreis nur billig sein. Egal aus welcher Kultur wir stammen. Auch in meinen Trainings ist dies immer wieder ein wichtiger Punkt, der noch vor den Wünschen nach mehr Informationen steht, und sehr viel weiter oben als zum Beispiel mehr Gehalt.

Was stresst uns am meisten? Geldsorgen? Sorgen um unsere Gesundheit? Sorgen um die Familie? Sorgen rund um unseren Arbeitsplatz? *„Das sind ernst zu nehmende Stressfaktoren“*, sagt Sally Dickerson, Professorin an der

University of California[7]. Am meisten stresst es uns natürlich, wenn wir in eine lebensbedrohliche Situation geraten. Dann steigt unser Cortisolspiegel stark an. Wenn wir dieser Situation länger ausgesetzt sind, also ständig in einer lebensbedrohenden Situation wären, würde unsere Gesundheit ernsthaften Schaden nehmen. Die nächste Situation, die einen ähnlich hohen Anstieg unseres Cortisolspiegels hervorruft, entsteht, wenn wir der Beurteilung durch andere Menschen ausgesetzt sind und befürchten, dass wir dabei nicht gut abschneiden. Sally Dickerson und Margaret E. Kemeny[8] schreiben, dass zum Beispiel Frauen, die ständig ignoriert oder ausgegrenzt beziehungsweise nicht anerkannt werden, nachweislich einen sehr hohen Cortisolspiegel haben. Dasselbe gilt aber auch für junge Menschen, die von Gleichaltrigen nicht anerkannt werden. Wenn wir befürchten, dass das eigene „Ich" für minderwertig gehalten wird, dann steigt unser Stresspegel gesundheitsgefährdend an. Schon Charles Darwin meinte, dass Scham eine evolutionsgeschichtlich sehr alte Emotion ist, die fast ausschließlich von der Beurteilung durch andere Menschen ausgelöst wird.

Ich will gelobt werden. Sie wollen gelobt werden. Wir alle wollen gelobt werden. Lob und Anerkennung ist etwas, das wir brauchen. Warum gibt es dann so wenig Lob in unserem Leben? Loben haben wir in der Schule nicht gelernt. Im Gegenteil, die meisten von uns sind zwischen neun und zwölf Jahren in der „Fehlersuchanstalt" (Synonym für Schule) gesessen und haben fleißig geübt, herauszufinden, was alles falsch ist. Dadurch stellt sich die Frage: Wie lobt man richtig? Wie schafft man es, nicht als Schmeichler oder wie es die Jüngeren unter uns nennen, als Schleimer dazustehen? Welche Folgen hat es, wenn eine Frau einen Mann lobt oder umgekehrt? Baggert er oder sie mich damit an? Muss ich mich jetzt bedanken oder schnellstmöglich das Weite suchen? Wie wirkt es sich aus, wenn ein Mitarbeiter seinen

Chef lobt oder der Chef den Mitarbeiter? Was will er oder sie von mir? Soll ich deshalb unbezahlte Überstunden machen oder umgekehrt, will er oder sie mehr Gehalt, Urlaub oder sonstige Vorteile? Es gibt wenige Situationen in unserer Gesellschaft, die zwar viele gerne hätten, die aber trotzdem so extrem zu Missverständnissen führen können wie Lob und Anerkennung. Lob und Anerkennung sind für die meisten eine so ungewohnte Situation, dass sie sofort misstrauisch werden, wenn es ihnen dann überraschenderweise doch passiert.

In der heutigen Arbeitswelt ist die Wahrnehmung von guten Leistungen nicht wirklich einfach. Zum einen bleibt kaum Zeit, die Leistungen Einzelner im Detail zu bemerken und zum anderen sind wir es auch nicht gewohnt, Ergebnisse positiv zu sehen. Im Gegenteil, meistens gehen wir los und suchen die Fehler, bestens konditioniert durch die Fehlersuchanstalt. Egal, ob Sie als Elternteil nach Hause kommen, irgendetwas haben die Kinder sicherlich nicht in Ordnung gebracht, oder als Controller die Filialen Ihres Unternehmens besichtigen, irgendeine Sache entspricht sicher nicht den umfangreichen Statuten, oder als Chefin aus dem Urlaub kommen, eine Aufgabe wurde ganz sicher nicht so erledigt, wie Sie es sich vorgestellt haben. Aber auch wenn wir über ein Erlebnis berichten, sei es unser Urlaub oder das neue Einkaufszentrum, in dem wir dieses Wochenende zum ersten Mal eingekauft haben, oder über die neue Frau unseres besten Freundes – ein Haar in der Suppe wird sich doch finden lassen. Das wäre ja gelacht! Das schmackhafte frische Essen, die vielen gelungenen Aufgaben, die tausend tollen Angebote, das hilfsbereite Wesen und die strahlend blauen Augen haben wir vor lauter Fehlersuche vollkommen übersehen oder vergessen.

Ich war bis Ende der 1990er auch so gepolt. Dann habe ich einen Vortrag von Dieter Brandes gehört, der, einige

Jahre nachdem er Aldi-Manager geworden war, das Buch „Konsequent einfach: Die Aldi-Erfolgsstory“ geschrieben hat. In seinem Vortrag erzählte er, wie Manager bei Aldi die Filialen kontrollieren. Zu Beginn des Monats wird festgelegt, was in den Filialen kontrolliert wird. Und zwar sind es immer drei Aufgaben oder Themen, die überprüft werden. Wenn es an diesen drei Themen nichts zu beanstanden gibt, wird auch nichts beanstandet, im Gegenteil, es wird anerkannt und gelobt. Es war den Controllern eine Freude, festzustellen, wer oder was gut ist. Das wiederum zeigt, dass die Führung an der Leistung des einzelnen Mitarbeiters wirklich interessiert war. Und es half dem Mitarbeiter, wenn er sich einsetzte und anstrengte. Ein weiterer Nutzen war sicherlich, dass auch der Controller nicht per se als Angstpartner gesehen wurde und somit die Kontrolltermine nicht konsequent für Beinahe-Herzinfarkte sorgten, denn die Chancen, dass alles in Ordnung war und gelobt wurde, waren realistisch. Mich hatte dieses Beispiel so inspiriert, dass ich es in meiner Familie mit meinen Kindern übernommen habe und natürlich auch in meiner Firma. Bevor ich das Haus verließ, bat ich die Kinder, darauf zu achten, dass der Tisch abgeräumt wurde und das Geschirr in der Spülmaschine war. Kam ich zurück und der Tisch war sauber und das Geschirr in der Spülmaschine, habe ich sie gelobt und Stiefel und Schultasche mitten im Flur einfach mal übersehen. Die kamen bei einem anderen Anlass dran. Diese Art von Controlling schonte meine Nerven und hinderte meine Kinder daran, mich als heimkehrendes Schreckgespenst wahrzunehmen. Natürlich gab es Konsequenzen, wenn der Tisch nicht abgeräumt war und das Geschirr nicht in der Spülmaschine.

Doch gehen wir davon aus, dass Sie, als Schattenspringer, aktiver loben wollen und auch Möglichkeiten finden, bei den Menschen, mit denen Sie tagtäglich zu tun haben, Lobenswertes zu finden. Wie geht es nun, das wertschätzende

Loben und Anerkennen, ohne dass es zu Missverständnissen kommt?

Loben Sie zeitnah!

Wann immer Ihnen eine gute Leistung bewusst wird, ob durch ein Familienmitglied oder durch eine Mitarbeiterin oder seitens Ihres Lieferanten oder Ihres Kunden, greifen Sie zum Handy, rufen Sie an oder schreiben Sie ein paar Zeilen per E-Mail oder per Kurznachricht. Besonders, wenn es Ihnen schwerfällt, lobende Worte zu finden. Die Aufgabe wird nicht leichter, je mehr Zeit seit der „guten Tat“ Ihres Gegenübers vergangen ist. Nehmen Sie den Schwung der Freude, die Sie empfinden, wenn Sie eine gut erledigte Aufgabe oder ein persönliches Attribut, das Ihre Aufmerksamkeit erreicht hat, wahrnehmen, und loben Sie *jetzt*. Wenn es Ihnen leichter fällt, persönlich mündlich, also Auge in Auge, oder doch lieber per Telefon oder noch lieber schriftlich per SMS oder E-Mail oder gar via Brief zu loben, dann ist das vollkommen in Ordnung. Wählen Sie den Weg, der Ihnen am meisten liegt. Wenn Sie darin einmal geübt sind, können Sie später die alternativen Wege ausprobieren und üben.

Seien Sie gerecht!

Es gibt eine interessante Karikatur zum Thema „gleiche Chancen für alle“. Links im Bild sind ein Elefant, ein Vogel, eine Schildkröte, ein Fisch und eine Schnecke. Rechts im Bild ist ein Baum. In der Mitte steht ein Mann mit der Anweisung: *„Damit es gerecht zugeht, erhalten Sie alle die gleiche Prüfungsaufgabe: Klettern Sie auf diesen Baum.“*

Menschen verfügen über unterschiedliche Talente und Stärken. Aber auch wer in einem Bereich sehr erfolgreich und geschickt ist, kann in einem anderen Bereich zwei linke Hände haben. Manche gehen mit sehr großen Schritten auf ein Ziel zu, andere machen kleine Fortschritte, kommen am Ende aber auch an. Oder umgekehrt: Immer der Beste zu sein, heißt nicht, dass wir auf Lob verzichten können. Manchmal werden Spitzenleistungen einfach zur Selbstverständlichkeit. Auch die Top Drei wollen gelobt werden.

Werten Sie andere nicht durch Ihr Lob ab!

Lob und Anerkennung sollen motivieren. Wenn wir jedoch negativ vergleichend loben, dann ist dies ein billig erkaufter Sieg, der mehr schadet als er nutzt. Diese Form des Lobens entzweit Familien und macht aus beruflichen Teams Gegner. Beispiele dafür sind: *„Toll, deine Mathenote, wie immer eine Eins, rechnen kannst du halt viel besser als deine Schwester.“* Oder: *„Ich wusste doch, dass Sie es schaffen, hier noch ein paar Prozent rauszuholen, wenn nur Herr Muster das auch so könnte wie Sie. Aber mit dem wird das nichts mehr.“*

Wenn Sie nach solchen Aussagen hoffen, dass sich die Schwester in Mathematik mehr anstrengt oder Herr Muster ein Kommunikationstraining besucht, um beim Verhandeln mit den Lieferanten besser zu werden, wird es für Sie enttäuschend werden. Diese Vorgehensweise ist kontraproduktiv. Es entsteht genau die Situation, die Sally S. Dickerson beschrieben hat: Erfolgreich in einer Prüfungssituation abzuschneiden ist grundsätzlich schon schwer genug, dabei aber noch von anderen beobachtet zu werden und einem Vergleich ausgesetzt zu sein, erhöht die Produktion von TNF-alpha, einem Botenstoff, der an Entzündungen beteiligt ist und die Aktivität verschiedener Immunzellen reguliert. Zudem reagierte der Signalstoff weniger sensibel auf sogenannte Glukokortikoide, die entzündungshemmend wirken. Mit anderen Worten, es hat Einfluss auf unser Immunsystem und kann uns im wahrsten Sinne des Wortes krank machen!

Es müssen nicht immer alle Anwesenden gelobt werden, weder alle Geschwister auf einmal noch alle Mitglieder eines Projektteams. Wichtig ist nur, dass Sie insgesamt niemanden vergessen und Sie im Laufe der Zeit bei allen eine anerkennenswerte Leistung und Eigenschaft finden. Einzeln herausgestellt zu werden ist natürlich ein ganz besonderes Erlebnis für den, der gerade verdientermaßen dran ist.

Loben Sie die Richtigen!

Es ist besonders wichtig, auch die Leisen zu sehen. Oft sind es die Stillen, die die Arbeit erledigen und die Lauten, die die Lorbeeren einheimsen. Als Mutter oder Vater, aber auch als Chefin oder Chef haben Sie meistens ganz gute Instinkte dafür, wer wirklich für ein Ergebnis verantwortlich ist. Sylvia Löhken schreibt in ihrem Buch „Leise Menschen – starke Wirkung“: *„So effektiv und leistungsstark leise Menschen im Beruf auch sein mögen – meistens haben sie in ihrem Bereich ein Problem: Sie mögen sich nicht gern selbst anpreisen und stehen lauten ‚Trommlern und Schaumschlägern‘ kritisch gegenüber. Das ist eine Seite der Medaille. Die andere Seite: Leise Menschen werden bei Beförderungen leicht übergangen – einfach deswegen, weil die Entscheidungsträger von ihren Leistungen und Erfolgen zu wenig wissen.“*

Wenn Sie unsicher sind, wer der Verantwortliche für die zu lobende Leistung ist, fragen Sie nach. Die Details der

Aufgabe und die Schritte zum guten Ergebnis wissen meistens nur die, die sie tatsächlich gegangen sind.

Loben Sie das Team!

Auch wenn es grundsätzlich wichtig ist, einzelne Mitglieder Ihrer Familie zu loben, damit sie das Lob hie und da ganz für sich allein genießen können, ist es wichtig, das gesamte Team als Einheit immer wieder mal zu loben. Das fördert den Teamgeist und zeigt dem Einzelnen, dass es sinnvoll ist, sich gegenseitig zu unterstützen und unter die Arme zu greifen. Wenn ich mit meinen Kindern am Abendbrottisch saß und fünf Minuten um Ruhe bat, damit ich allen sagen konnte, wie toll ich es fand, dass wir heute gemeinschaftlich den Garten winterfest gemacht hatten, war das schon ein recht feierlicher Moment. Oder bei unserer jährlichen Jahresabschlussfeier, wenn mein Team Anerkennung für gemeinsam gemeisterte Herausforderungen bekam, auch das war immer ein feierlicher Moment, den alle als solchen empfanden. Strahlende Gesichter, wohin ich blickte.

Loben Sie richtig!

„Loben Sie doch Ihren Chef", ist eine Aussage, die ich mache, wenn mir Mitarbeiter in einem Unternehmen erzählen, dass sie nie gelobt werden. Der Aufschrei über diese Aufforderung ist oft groß: „Das geht doch nicht, der glaubt dann, ich will mich einschleimen" oder „Iiih, auf keinen Fall, danach denkt er noch, ich will was von ihm". Gibt es einen Weg, dass eine Frau einen Mann loben kann, ohne dass es zu Missverständnissen kommt? Oder ein Mitarbeiter einen Vorgesetzten? Oder Sie Ihren Kunden? Oder der Chef seine Assistentin? Ja, sicher. Loben Sie richtig.

Dabei kommt es im ersten Schritt auf Ihre Haltung und Einstellung gegenüber der Person an. Auch mir fällt es leichter, gutaussehende, charmante Menschen zu loben, die einen mit großen Augen und lachendem Gesicht anstrahlen. Hier bin ich gefordert, zwischen Äußerlichkeiten und tatsächlicher Leistung zu differenzieren, mich sozusagen nicht blenden zu lassen. Das ist fast genauso schwer, wie jemanden zu loben, den ich nicht sehr sympathisch finde, einfach nur, weil unsere Chemie nicht wirklich zusammenpasst. Dieses Gefühl ist grundsätzlich von der Leistung zu trennen. Es geht nicht darum, die ganze Person zu bewerten, sondern um eine spezielle Leistung, eine spezielle Eigenschaft oder ein spezielles Verhalten. Auch wenn ich diese Person als eher unsympathisch empfinde, kann ich eine positive Einstellung gegenüber der Person und ihrer expliziten Handlung entwickeln. Diese Person hat oder hatte Eltern und eine Familie, die sie lieben. Sie wird gemocht. Etwas an ihr ist schätzenswert. Nur weil ich in diesem Moment nicht sehen kann, was es ist, so ist es doch da. Und wenn diese Person nun durch außergewöhnlichen Einsatz ein Projekt entscheidend vorangebracht hat, ist das anerkennenswert. Oder bei meinen Kindern: Gerade während der Pubertät musste ich manchmal sehr tief in meinem Mutterherzen graben, um mich daran zu erinnern, dass er oder sie ein liebenswertes Wesen ist und dass bei all den pubertären Aktionen rund um den Abnabelungsprozess auch täglich gute Sachen passieren, die Lob und Anerkennung verdient haben.

Dieses Wissen, dass die Person grundsätzlich in Ordnung ist, verändert Ihre Haltung und lässt Sie erkennen, was anerkennenswert ist.

Im zweiten Schritt überlegen Sie sich, was Sie loben wollen. Was ist Ihnen positiv aufgefallen? Wo liegt das Besondere, das Bemerkenswerte? Und genau das sprechen Sie an. Sie erkennen die Leistung an und loben sie.

Wichtig dabei ist es, dass Sie möglichst nur einen Punkt ansprechen. Manche neigen dazu, wenn sie sich endlich aufgerafft haben, Anerkennung zu geben, einen ganzen Eimer voll des Lobes auszuschütten, in der Hoffnung, ein Lob wird schon ankommen und positiv aufgenommen werden. Doch genau das Gegenteil tritt ein. Es macht Sie unglaubwürdig. In so einem Fall ist weniger eindeutig mehr und überzeugender.

Der dritte Schritt ist der wichtigste: Begründen Sie Ihr Lob. Durch diesen Schritt wird Ihr Lob nicht mehr missverstanden. Erläutern Sie, warum Sie das Verhalten, das Ergebnis, die Erledigung, die optische Veränderung, das Besondere bemerkenswert fanden. Warum loben Sie es? Worin liegt der Nutzen des Besonderen? Was hat es Ihnen persönlich genutzt? Warum hat es Sie beeindruckt? Weshalb ist es Ihnen aufgefallen? Warum war es so wichtig für Sie?

Bei einer besonderen Leistung, die Sie als Chef loben, kann sich das beispielsweise so anhören: *„Dass Sie gestern Abend länger geblieben sind, um die Umsatzzahlen noch fertigzustellen, war super. Heute Morgen in der Dienstagssitzung konnte ich die Kollegen mit den genauen Zahlen für die unterschiedlichen Produktgruppen richtig beeindrucken. Danke schön!"*

Auch wenn Sie als Lieferant Ihren Kunden loben möchten, steht dem nichts im Wege, wenn Sie das Lob begründen: *„Herr Muster, vielen Dank für die schnelle Überweisung. Das war eine schöne Überraschung, damit sind Sie in unserer Branche eher eine Ausnahme."*

Es ist auch kein Problem, als Kollege die neue Bluse

der Kollegin anzuerkennen, ohne dass es zu einem Missverständnis kommt: *„Ihre neue Bluse steht Ihnen wirklich gut, die bringt sogar unser Büro wieder zum Leuchten."*

Mit Lob und Anerkennung können Sie die Welt eines anderen ein klein wenig besser machen. Von anderen anerkannt und gelobt zu werden, lässt uns gesünder bleiben und wohler fühlen.

Im Teamtraining gibt es eine sehr nette Abschlussübung, die alle Teilnehmer glücklich macht. Jeder schreibt für jeden anderen Teilnehmer mindestens eine Eigenschaft oder Verhaltensweise auf, die ihm während des Trainings positiv oder angenehm an ihm aufgefallen ist. Bei beispielsweise zwölf Teilnehmern erhält dann jeder elf Zettel mit lobenden Worten. Die einen lesen ihren Schatz sofort durch, die anderen stecken die Zettel bedächtig in ihre Tasche, um sie dann zu Hause in Ruhe zu lesen. Wenn ich diese Übung mache und die Damen und Herren dann beim Hinausgehen ihren Vorgesetzten begegnen, kommen diese anschließend immer zu mir und fragen mich, was genau ich mit ihren Mitarbeitern gemacht hätte. Der Flur hätte ja regelrecht hell gestrahlt. Schön, was wir Menschen füreinander tun können.

Lob annehmen

Fast so schwer wie Lob zu geben, ist es, Lob anzunehmen. Haben Sie sich auch schon einmal dabei ertappt, wie Sie für ein neues Kleid, eine besondere Idee oder Ihre strahlend blauen Augen gelobt wurden und dann so oder ähnlich geantwortet haben: *„Och, das Kleid war im Angebot. Es war gar nicht teuer. Ich habe einfach Glück gehabt, dass ich es gestern noch gesehen habe"* oder *„Das war doch nichts Besonderes. Es ging ganz schnell. Das ist doch selbstverständlich. Das fällt mir leicht"* oder *„Die hab' ich von mei-*

nem Opa geerbt. Der hatte die gleichen. Ich habe beim lieben Gott im richtigen Moment ‚hier' geschrien. Ja, dafür ist meine Nase schief."

Lob ist für uns so ungewohnt, dass wir entweder sofort misstrauisch werden oder es als unverdient weit von uns weisen. Doch wenn wir das Lob immer sofort vom Tisch wischen, hat unsere Umwelt wenig Freude daran, es großzügig zu verteilen. Wie viele Dinge funktionieren Lob und Anerkennung auch nach dem Gesetz des Gebens und Nehmens.

Vor vielen Jahren hatte ich einen Lebenspartner, der einige Jahre älter war als ich. Zu dieser Zeit hatte ich gerade verstanden, wie wichtig es ist, meine Umwelt zu loben. Also habe ich mir auf der Heimfahrt überlegt, was ich an ihm, besonders am vorherigen Abend oder am Morgen desselben Tages, bemerkt habe, was ich für ein Lob verwenden könnte. Wir waren frisch verliebt, so schwer war es also nicht. Das hörte sich dann so an: Ich: „*Liebling, super, du hast heute Morgen noch den Müll mit den Fischresten rausgetragen. Da bin ich sehr froh. Ich hatte schon Angst, dass die Wohnung stark nach Fisch stinkt, wenn wir nach Hause kommen.*" Sekundenlange Stille, dann fragte er: „*Aber?*" und sah mich dabei gespannt an. Ich antwortete verwundert: „*Nichts aber.*" Es dauerte fast ein halbes Jahr, bis mein damaliger Partner das Lob annehmen konnte, ohne zu vermuten, dass da noch ein Haken nachkommt und er es als das verstand, was es war: einfach ein Lob.

Dieses Beispiel hat mir gezeigt, wie wichtig es ist, Lob und Kritik nicht zu mischen. Viele neigen dazu, nach dem Lob gleich ein „aber" zu setzen und schnell noch einen Verbesserungsvorschlag nachzuschieben. Beispielsweise so: „*Toll, dass ihr den Tisch abgeräumt habt, aber die Wohnzimmerkissen liegen schon wieder auf dem Boden.*" Rums, das hat gesessen. Nicht dass unser Gegenüber noch übermütig wird. Lieber gleich zeigen, dass noch viel Luft ist bis zur Spitze. Dass der, der das Lob vergibt, auf diese Weise denkt, könnte man jedenfalls manchmal annehmen, wenn das Wörtchen „aber" das ganze Lob zunichtegemacht hat. Wieder eines der „kurzen" Wörter, die an der falschen Stelle großen Schaden anrichten. Das ist in etwa so, wie wenn die Controller bei den Aldi-Filialen beim Rausgehen noch schnell nach rechts und links gesehen hätten, um doch noch einen Kritikpunkt finden zu können.

Zurück zur Reaktion, wenn wir ein Lob erhalten. Die einfachste Übung für den Anfang wäre ein freundliches *„Dankeschön"*, verziert mit einem leichten Lächeln. Wenn Sie gelernt haben, das auszuhalten, können Sie Ihre Reaktion ausbauen. Beispielsweise in: *„Herzlichen Dank, das freut mich sehr, dass Sie das bemerkt haben"*, gekrönt von einem breiten, strahlenden Lächeln.

Loben Sie sich selbst?

Eine entsprechende Reaktion auf ein Lob würde unseren Gesprächspartner genauso erfreuen, wie es uns erfreut, wenn jemand auf unser Lob so reagieren würde, je nach Temperament in diversen Abstufungen. Die mit dem Lob verbundene Anerkennung zu glauben und damit vorbehaltlos annehmen zu können, setzt voraus, dass man sich selbst mag. Wenn Sie sich für wertvoll halten, glauben Sie auch die anerkennenden Worte von außen. Je weniger wertvoll Sie über sich denken, desto weniger erscheinen Ihnen die lobenden Worte der Außenstehenden als wahr.

Sie erinnern sich noch an meine ersten Worte am Anfang dieses Buchs. Es hat Jahrzehnte gedauert, bis ich anfing, mit mir und über mich mit liebevollen und anerkennenden Worten zu sprechen. Es gelang mir erst, als ich bemerkte, dass egal wie sehr sich meine Partner bemühten, ich weder an ihre Komplimente noch an ihre Anerkennung für meine Leistung noch an die Worte über ihre Gefühle für mich glaubte. Lange war ich der Meinung, wenn sie nur öfter sagen würden, dass ich toll wäre und wie sehr sie mich liebten, dann würde es auch stimmen. Bis ich eines Tages jemanden kennenlernte, der mir über Wochen hinweg täglich viele, viele Male sagte, wie sehr er mich lieben würde und wie toll ich doch sei, dass es mir so was von auf den Wecker ging. Erst zu diesem Zeitpunkt erkannte ich, dass es an mir lag. Nicht die Quantität der Worte von Menschen um mich herum war wichtig, sondern meine eigene Einstellung mir gegenüber war die Grundlage dafür, dass ich Lob und Anerkennung annehmen konnte. Das Bild, das ich mir von mir selbst machte, änderte sich langsam und schrittweise, einmal durch die Erkenntnis, wie wichtig meine eigene Einstellung zu mir war und zum anderen durch eine Übung, welche ich jeden Morgen durchführte. Ich liebe es, lange zu duschen, möglichst heiß. Ich zähle zu den Menschen, die besonders kreative Gedanken beim Duschen haben und ich habe dabei immer meine besten Ideen. Die Dusche ist für mich ein rundherum angenehmer Ort. Ich fing also an, mich unter der Dusche selbst zu umarmen und mir zu sagen: *„Gaby, ich liebe dich, du bist okay."* Fragen Sie mich nicht, wie doof ich mir besonders in der ersten Zeit vorkam. Gerade in den ersten Tagen dachte ich oft: *„Jetzt fängst du endgültig an zu spinnen."* Aber durchhalten war die Devise. Nach zwei Wochen musste ich jedes Mal grinsen und lächelte über mich selbst. Geglaubt habe ich es erst nach Jahren! Und auch heute kommen hie und da Zweifel, dann übe ich wieder einige Zeit. Mittlerweile geht es immer schneller, sodass ich mich wieder mag, wie ich bin.

6. Anstoß: Kritikgespräch – Wer im Recht ist, hat unrecht

Das Thema „Kritik“ ist für mich ein Phänomen. Einerseits mag es keiner, wenn man ihn kritisiert, andererseits sind wir die reinsten Weltmeister, wenn es darum geht, andere zu kritisieren, besonders dann, wenn diese Personen uns nicht gegenüberstehen. Kaum sitzt man zu zweit zusammen, fällt einem schon ein, was ein Dritter besser hätte machen können. Oder wir fallen mittels Social Networks über mehr oder weniger prominente „Falschmacher“ her.

Das nächste Phänomen in Sachen „Kritik“ wurde mir bewusst, als ich bei Dale Carnegie Trainings als leitende Assistentin und in der Ausbildung zur Trainerin in den Seminaren tätig war. Bei dieser Ausbildung war eines der wichtigsten Ausbildungstools wertschätzend mit den Teilnehmern umzugehen und zu loben sowie anzuerkennen, was die Teilnehmer gut gemacht hatten oder welche Seiten ihrer Persönlichkeit angenehm in den Trainings aufgefallen waren. Das Erstaunlichste, was mir dabei auffiel, war, dass die Teilnehmerinnen und Teilnehmer immer wissen wollten, was sie falsch oder nicht gut genug gemacht hätten. Auch wenn die Aufgaben brillant erledigt wurden, waren sie der Meinung, dass doch irgendein Fehler zu finden sein müsste.

Ob das nach wie vor eine Nachwirkung der vielen Jahre Fehlersuchanstalt war oder ob sie der Meinung waren, dass das, was nicht sein darf, auch nicht sein kann, ich weiß es nicht. Auch ich habe mich schon dabei beobachtet, wie ich listreich versuche, eine Kritik zu ergattern. Dann kreiere ich Sätze wie: *„Wenn es einen Punkt gibt, den ich besser machen könnte, welcher wäre das dann?“* So oder so ähnlich versuchen wir, die letzte Kritik aus unserem Gegenüber herauszuholen.

Es gibt sicherlich Gelegenheiten, bei denen diese Art

der Vorgehensweise Sinn macht, zum Beispiel in einer Master-Mind-Gruppe, in der die Mitglieder sich gegenseitig mit konstruktiven Hinweisen unterstützen zu wachsen und die jeweiligen persönlichen Ziele zu erreichen, oder im Gespräch mit einem Mentor oder Ratgeber oder einer grauen Eminenz. Doch im Alltag habe ich für mich beschlossen zu lernen, Anerkennung anzunehmen, ohne intensiv nach Kritik zu fragen. Aus meiner Sicht zeugt das Fragen nach Kritikpunkten von geringem Selbstwertgefühl. Lassen Sie eine erhaltene Anerkennung stehen und genießen Sie sie ohne Einschränkung.

Doch wie reagieren Sie richtig, wenn Sie kritisiert werden? Oft reagieren Menschen sofort mit Abwehr: „*Das kann doch gar nicht sein*“ oder „*Ich bestimmt nicht*“ oder „*Wer sagt denn so was? Ich mache so etwas grundsätzlich nicht*“ und viele ähnliche Varianten. Manchen Menschen passiert es auch, dass sie sofort hochrot anlaufen und aussehen, als hätten sie mindestens das Tafelsilber mitgehen lassen, wenn nicht noch mehr. Viele geraten ins Stottern oder sind vollkommen sprachlos. Abwehr, Verteidigung, rot anlaufen, stottern, strikt von sich weisen, sich entschuldigen – was ist die richtige Reaktion? Was macht ein Schattenspringer?

Hochrot im Gesicht

Medizinisch gesehen entsteht unser Rotwerden dadurch, dass unser Gehirn Hormone aussendet, unser Blutdruck ansteigt und sich unsere Gefäße erweitern. So wie Hunde automatisch hecheln, wenn es ihnen zu warm wird, erweitert unser Körper eben seine Gefäße, um uns wieder auf Normaltemperatur zu bringen. Die Erwärmung entsteht durch die Erhöhung unseres Blutdrucks. Das Gleiche gilt auch, wenn wir ein heißes Bad nehmen oder in die Sauna gehen, dann wird eben unser ganzer Körper rosig bis rot. Medizinisch gesehen, ein ganz normaler Vorgang. Als Betroffene empfinden wir es als peinlich, rot anzulaufen und je peinlicher es uns ist, desto mehr steigt der Blutdruck und desto röter werden wir im Gesicht – ein Teufelskreis.

Wie sehen es unsere Gesprächspartner? Wenn Sie sich romantische Filme aus den 1950ern und 1960ern des letzten Jahrhunderts ansehen, wurden junge Frauen, denen dies passierte, als charmant, süß und unschuldig angesehen. Rotwerden war also damals sehr positiv belegt. Den jungen Damen war es im wirklichen Leben damals wahrscheinlich genauso peinlich wie uns heute. Heute empfinden wir, besonders wenn wir nicht davon betroffen sind, das Erröten unseres Gegenübers als menschlich und sympathisch, zumindest Erwachsene. Für Kinder und Jugendliche ist es eine willkommene Gelegenheit, einen Betroffenen damit aufzuziehen. Erwachsene freuen sich oft, ein Beispiel von Natürlichkeit zu erleben, damit wird Rotwerden nämlich auch assoziiert: natürliches und authentisches Verhalten.

Aber bitte nicht, wenn ich kritisiert werde und womöglich noch zu Unrecht, meinen Sie? Das verstehe ich aufgrund eigener Erfahrung. Doch wenn es mir gerade in dieser Situation passiert, habe ich für mich folgenden Satz als Reaktion erarbeitet: *„Ich fühle mich getroffen. Ihre Aussage berührt mich so, dass ich ganz rot werde. …“* Das kann ich unabhängig davon, ob ich schuldig oder nicht schuldig bin, sagen, weil damit das Erröten seine Wirkung auf mich verliert. Je schneller ich das Problem „Rotwerden“ loswerde, desto schneller kann ich mich entweder um die Richtigstellung der Situation kümmern oder um Schadensbegrenzung, wenn ich tatsächlich etwas falsch gemacht habe. *„Ich fühle mich getroffen“* oder *„Es berührt mich“* ist kein Schuldeingeständnis, denn beides passiert, egal ob ich mich zu Recht oder zu Unrecht getroffen fühle.

Indem ich das Erröten aktiv anspreche, es quasi für alle sichtbar auf die Bühne stelle, wird es uninteressant. Was jeder sieht, ist nichts Besonderes mehr und es hört sehr schnell wieder auf. Durch das aktive Ansprechen unterbrechen Sie den Kreislauf: Ich werde rot – das ist mir peinlich – ich werde noch röter – es ist mir noch peinlicher ...

Eine weitere Möglichkeit, bewusst mit dem Erröten umzugehen und dafür zu sorgen, dass es aufhört, ist „Sense Focusing". Hinter diesem Fachausdruck verbirgt sich eine einfache Art der bewussten Wahrnehmung. Arno Fischbacher erklärt das so: *„Der Fokus liegt auf der bewussten Wahrnehmung, also auf dem körperlichen Spüren, in diesem Fall auf den inneren Wallungen. Spüren Sie genau hin, wo im Körper, am Hals, im Gesicht oder an welcher Stelle diese Wärme oder dieses ‚Rotwerden' als körperliche Sensation am stärksten wahrnehmbar ist. In dem Moment, in dem man die Empfindung lokalisiert, wird wahrnehmungsphysiologisch gesehen von den elftausend Bit, die da so an Wahrnehmungsimpulsen im Körper erzeugt werden, ein Filter gesetzt und die bewusste Wahrnehmung wird auf das Körpererleben/Körperempfinden fokussiert. Jetzt geschieht etwas ganz Magisches. Die Rückkopplung mit den inneren Glaubenssätzen und mit dem inneren Kritiker wird ausgeschaltet. Das ist der erste Schritt. Meine Wahrnehmung ist damit beschäftigt, die Sensation ‚rot oder warm werden' körperlich nachzuvollziehen, dabei lassen die Muskeln los. Das passiert mit bestimmten Muskeln im Gesicht und an den Schultern. Mit diesem zweiten Schritt ist der Regelkreis geschlossen."*

In dem Moment, in dem ich merke, dass mir heiß wird und die Hitze aufsteigt, konzentriere ich mich darauf, die Stellen bewusst wahrzunehmen. Es ist nicht möglich, meine Backen oder meinen Hals oder mein Dekolleté intensiv zu spüren und gleichzeitig rot zu werden. Sie können nur eines von beidem. Diese kurze, aber intensive Konzentration auf die Wahrnehmung der oberen Regionen sollten Sie immer wieder einmal üben, besonders, wenn Sie im vertrauten Kreis rot werden, bei Freunden oder bei Ihrem Partner oder wenn es keinen besonderen Anlass dafür gibt. Je geübter Sie darin sind, desto schneller funktioniert die Ablenkung.

Verbal richtig reagieren

Wenn Sie das Problem mit dem Rotwerden geregelt haben, wie reagieren Sie dann verbal auf die Kritik? Es gibt drei Ausgangsszenarien, die zutreffend sein können: Zum einen, die Kritik stimmt, Sie haben etwas übersehen, zum anderen, die Kritik stimmt nicht und als dritte Möglichkeit, Sie wissen es nicht. Es gibt für alle drei Situationen eine Reaktion, die immer neutral und professionell wirkt: *„Vielen Dank für Ihren Hinweis."* Ganz sicher gibt es in unserem Leben Situationen, in denen es sinnvoll ist, sofort aufzugehen und mit eindrucksvoller Vehemenz unser Zutun zu dieser Situation strikt von uns zu weisen, wenn wir unzutreffend kritisiert werden. Aber noch wirkungsvoller ist es, ruhig und souverän zu reagieren. Der Kritiker hat aus seiner Sicht erst einmal recht, er will seinen Widerspruch zum Ausdruck bringen und den ersten Schritt zur Veränderung der Situation gehen. Also ist die Aussage *„Vielen Dank für Ihren Hinweis"* immer richtig eingesetzt. Wenn Sie mit der Situation nichts zu tun haben, wäre der zweite Schritt zu paraphrasieren. Das heißt, Sie wiederholen, was Sie verstanden haben. Das kann übrigens etwas vollkommen anderes sein, als das, was Ihr Gegenüber ausdrücken wollte. Besonders, wenn wir in der Aussage unseres Gegenübers sogenannte Signalwörter hören, überhören wir schon einmal, um was es tatsächlich geht. Signalwörter sind Wörter, die bei uns eine

Reaktion auslösen, die kaum ein Außenstehender nachvollziehen kann.

Ein Beispiel aus meinem Leben: Einer meiner Lebenspartner kam aus der Slowakei und lernte im Laufe unseres jahrelangen Zusammenlebens Deutsch. In den ersten gemeinsamen Jahren, als wir langsam von Englisch als Familiensprache zu Deutsch wechselten, fragte er mich gerne, wenn er abends nach Hause kam: *„Gaby, was hast du heute den ganzen Tag gemacht?"* Und ehe er sich versah, explodierte ich. Von wegen, was ich den ganzen Tag tue! Weshalb sollte ich mich für meinen Tag entschuldigen? Wie meint er das überhaupt, dass ich den ganzen Tag faulenze? Ich habe ziemlich viel Temperament, wenn ich mal explodiere. Er dagegen wollte eigentlich nur wissen, ob es mir gut geht und was ich tagsüber so erlebt habe. Ein typischer Fall von „Signalwort" oder „Signalwörtern", ausgelöst durch meine Kindheit. Doch das weiß niemand und dass vernünftiges Denken und richtiges Zuhören dabei komplett ausfallen, kann auch keiner ahnen. Mehr dazu übrigens im nächsten Kapitel.

Durch die Wiederholung dessen, was Sie verstanden haben, wirken Sie interessiert und offen und es schleichen sich weniger Missverständnisse ein. Denn Kritiker sind oft nicht geübt darin, den Punkt, auf den es ihnen ankommt, klar zu formulieren. Häufig ist es sinnvoll, Verständnisfragen zu stellen: *„Wie oder was genau meinen Sie?"* oder *„Wo genau habe ich das gemacht?"* oder *„Was ist Ihrer Meinung nach falsch gelaufen?"*

Wenn Sie wissen, um was es geht, aber nicht, ob die Verantwortung für den Umstand bei Ihnen liegt, bitten Sie jetzt um etwas Zeit, damit Sie klären können, wie die Details sind. Das ist auch eine gute Möglichkeit, um Zeit zu gewinnen, wenn Sie die Kritik so sehr trifft, dass Sie kaum klar denken können. Dabei ist es wichtig, dass Sie so neutral wie möglich formulieren. Sätze wie: *„Ich hole mir kurz die Unterlagen“* oder *„Ich kläre das mit …“* gefolgt von *„…, damit sich kein Missverständnis einschleicht“* oder *„…, damit ich Ihnen nichts Falsches sage“*, bewahren Sie davor, automatisch in Verteidigungs- oder Angriffsstellung zu gehen. Anschließend gehen Sie aus der Situation heraus und beruhigen sich. Eine Situation in emotionalen Momenten, wenn möglich, zu verlassen, hilft oft, anschließend souveräner und konstruktiver zu reagieren.

Sie haben einen Fehler gemacht

Wenn Sie während der Klärung oder bereits unmittelbar nach der Kritik merken, dass der Fehler bei Ihnen liegt, wie reagieren Sie als Schattenspringer professionell?

Vermeiden Sie Opferstorys! Eine einfache Alltagssituation: Sie sind zu einer Verabredung mit Ihrer Chefin zu spät gekommen. Bitte erzählen Sie keine Geschichte wie: *„Die S-Bahn hatte Verspätung. Der Bus ist dreimal rückwärts gefahren. Das Taxi steckte im Kreisverkehr und keiner hat es rausgelassen. Wir hatten heute Stromausfall und mein Wecker klingelte nicht. Die Welt ist immer gegen mich und ich bin total hilflos.“*

Unsere Handy-Gesellschaft erlaubt es uns heute, niemanden mehr im Ungewissen warten zu lassen. Wir können bereits von unterwegs signalisieren, dass es später als vereinbart werden wird, am besten in dem Moment, in dem es uns klar ist, dass wir später eintreffen. In diesem Moment hat auch Ihr Gesprächspartner das Recht, es zu erfahren. Das ist wertschätzend und gibt dem anderen die Möglichkeit, die Zeit sinnvoll zu nutzen.

Doch nicht immer sind unsere Fehler so einfach. Manchmal bauen wir richtigen Mist. Dann sind drei Dinge wichtig: Erstens, Schadensbegrenzung. Was können Sie unmittelbar tun, um den Schaden so gering wie möglich zu halten? Sofort Bescheid geben? Jemanden anrufen, der Ihnen hilft?

Vor einigen Jahren war ich mit meinen Söhnen an einem Sonntagnachmittag in der Natur unterwegs. Wir hatten unsere Hunde dabei, Sylvester, einen astreinen Mischling mit etwa 50 Zentimetern Risthöhe und Mausi, seine Mutter mit 30 Zentimetern Risthöhe. Beide sind absolut lieb und harmlos. Deshalb liefen sie vor uns her – ohne Leine. Es gab wunderbaren Sonnenschein und viele Spaziergänger waren unterwegs. Vor uns begann ein kleiner Waldstreifen und der Weg machte eine Kurve. Genau an diesem Punkt waren die Hunde weg. Sie hatten einen Schönheitsfehler, da sie so klein und ungefährlich waren, waren sie nicht gut erzogen und erziehungstechnisch gesehen taub – auf beiden Ohren. Wir beschleunigten unsere Schritte und waren nach wenigen Minuten um die Kurve, und damit hinter dem Waldstreifen. Vor uns lag eine Schafweide mit einem flexiblen Weidezaun, der sich gerade dem Boden zuneigte, weil unsere Hunde freudig und mit lautem Bellen auf die Schafe zuliefen. Diese suchten vollständig verängstigt das Weite. Ich weiß nicht, ob Sie es schon einmal erlebt haben, wenn Schafe aus dem Weidezaun stürmen, die hält nichts mehr. Wenn die rennen, dann rennen sie. Meine Hunde waren überglücklich, denn sie hatten ein Schaf gefangen, oder besser gesagt, es hatte sich im Weidezaun verheddert und konnte nicht weiter. Es wurde von den Hunden gerade über und über abgeleckt und war stocksteif vor Angst. Ich denke, das Schaf fühlte sich so wie ich. Nachdem ich den ersten Schock überwunden hatte, die Hunde an die Leine gelegt waren, ich einen meiner Söhne damit Richtung Heimat sandte und verbale Angriffe von Spaziergängern abwehrte, sah ich die Schafe weiterrennen und rennen und rennen. Am Ende dieses Wiesengrundes verliefen die S-Bahnschienen, zuerst parallel zur Wiese und nach circa fünf Kilometern quer über die Wiese. Klar schoss mir der Gedanke durch den Kopf: Einfach weglaufen, dich kennt hier keiner. Flucht ist eine ganz normale evolutionsbedingte Reaktion. Wir leben heute, weil unsere Vorfahren klug genug waren zu flüchten, wenn es nötig war. Aber unsere Vorfahren hatten auch nicht immer die Möglichkeiten, die wir heute haben. Es gibt Menschen, die einem in solch einer Situation helfen. Die Spaziergänger, die uns vor Ort begegneten, taten das nicht. Wo war der Schäfer? Es war weit und breit keiner zu sehen, es war nicht einmal ein Hinweisschild am Zaun, damit ich ihn hätte anrufen können. Da blieb nur die Polizei, dein Freund und Helfer. Das meine ich so, wie Sie es hier lesen. Ich rief die Polizei. Ja, ich hatte Angst vor den Folgen. Schadensersatz, Strafen, eventuell Gerichtsverhandlungen, auf jeden Fall Vorhaltungen vonseiten der Polizei. Es ist erstaunlich, wie schnell und kreativ unser Gehirn ist, wenn es sich schreckliche Zukunftsbilder ausmalt.

Innerhalb weniger Minuten kamen fünf Polizeiautos mit mehreren Polizisten. Ich gab eine kurze Erklärung der offensichtlichen Situation, einige Polizisten fuhren ans Ende der Wiese und die anderen liefen mit mir entlang der Schienen, während mein Sohn mit einem der Polizisten den Weidezaun wieder aufbaute. Die Polizisten, welche mit mir entlang der Schienen marschierten, um die Schafe davon abzuhalten, auf die Schienen zu laufen und gleichzeitig versuchten, die Schafe wieder in Richtung Zaun zu treiben, waren freundlich und machten keinerlei Vorhaltungen. Die Schafe waren mittlerweile zur Ruhe gekommen und rannten nicht mehr, doch sich normal bewegende Schafe laufen auch erstaunlich schnell über die Wiesen, wenn es keinen Zaun gibt. Wir waren drei Stunden beschäftigt, bis alle Schafe wieder hinter Gittern waren. Wer dagegen wirklich dumme Sprüche machte, waren die Spaziergänger, denen wir auf der ganzen Strecke begegneten, besonders gegen die hilfreichen Polizisten. Ich wurde immer wieder von Fremdschäm-Attacken überfallen. Am Ende war noch mal alles gut gegangen. Alle Schafe waren wieder drin, es hatte keine Kollision mit der S-Bahn gegeben, was meine allergrößte Angst gewesen war. Es sind tolle Frauen und Männer bei unserer Polizei. Das Schönste zum Schluss: Ich habe bis heute keine Rechnung und keine Verwarnung bekommen, aber viele Geschichten über ausgebrochene Schafe erfahren, meistens verursacht durch Hunde, deren Besitzer sich nicht melden.

Sobald wir mit der Schadensbegrenzung anfangen, wird der Schaden normalerweise nicht größer. Wenn wir Glück haben, wird er sogar eher wieder kleiner.

Der zweite wichtige Punkt bei einem Fehler unsererseits ist: Übernehmen Sie die Verantwortung. Streichen Sie die Opferstorys und denken Sie darüber nach, was Sie jetzt sofort oder künftig tun können, damit dieser Fehler nicht mehr passiert. Wenn Sie die Verantwortung übernehmen, warten Sie nicht, bis die S-Bahn wieder pünktlich fährt oder der Taxifahrer aus dem Kreisverkehr findet, dann werden Sie zukünftig eine S-Bahn früher fahren oder dem Taxifahrer einen Stadtplan reichen, was als Metapher gemeint ist. Sie werden aktiv etwas dafür tun, um eine Wiederholung Ihres Fehlers zu verhindern. Sie machen nicht die Umstände für Ihr Verhalten verantwortlich, sondern passen Ihr Verhalten den Umständen an. Und Sie springen dabei über Schatten, die Sie daran hindern, weiterzukommen.

Der dritte wichtige Punkt bei einem Fehler, den Sie tatsächlich gemacht haben, ist: Entschuldigen Sie sich! Eine

Entschuldigung ist die kürzeste Brücke zwischen einem Ärgernis und dem harmonischen Miteinander. Es gibt einfache schnelle Formen, um sein Bedauern auszudrücken sowie ausführliche und aufwendige Arten. Um Verzeihung zu bitten, entwaffnet den gekränkten oder verärgerten Gesprächspartner unglaublich schnell und verfehlt selten seine Wirkung.

Das Geheimnis einer Entschuldigung

Ich bin immer wieder erstaunt, wie schwer es vielen Menschen fällt, sich zu entschuldigen. Vielleicht ist das auch der Grund, warum eine Entschuldigung so viel Wert hat, weil sie trotz ihrer schlichten Einfachheit so schwer über die Lippen kommt. Es gibt viele Varianten einer Entschuldigung. Sie reichen von einem einfachen „Sorry" bis zum Gebrauch des „alten" Wortes „Verzeihung" über zahlreiche Gesten, wie das Niederschlagen der Augen und das Zeigen der Handinnenflächen bis hin zu kleinen oder großen Geschenken, die den Ausdruck unseres Bedauerns zeigen sollen.

Wenn wir im Gedränge eine Person anstoßen, reicht es sicherlich, wenn wir *„Sorry"* mit einem Lächeln sagen oder das deutsche Wort *„Entschuldigung"*. Einfach, kurz und knapp. Wenn wir zu einer Besprechung zu spät kommen, ist es besser, mit einem knappen *„Entschuldigen Sie bitte"* zu unserem Platz zu gehen und die bereits laufende Besprechung nicht noch mehr zu stören. Das gilt auch, wenn ich vergessen habe, Unterlagen zu verschicken, eine Überweisung zu tätigen oder andere alltägliche Dinge zu erledigen, was zwar ärgerlich, aber für niemanden gefährlich oder mit einem großen Schaden verbunden ist.

Wenn der Fehler, der Ihnen unterlaufen ist, größere Auswirkungen auf die Betroffenen hat, wirkt die Entschuldigung mit folgenden Worten noch mal etwas stärker: *„Ich bitte um Entschuldigung."* Diese Worte nutze ich immer dann, wenn ich merke, dass mein Gegenüber von meiner Unachtsamkeit wirklich getroffen ist, dass es für ihn mehr als ein alltäglicher Lapsus ist, oder wenn ich ein richtig schlechtes Gewissen habe, wenn ich weiß, dass ich das besser kann und ich das Gefühl habe, nicht mein Allerbestes gegeben zu haben sowie wenn ich mich besonders über mich selbst ärgere. Wahrscheinlich versuche ich damit, zwei zu besänftigen, den, der durch mein Missgeschick einen Mehraufwand hatte, und mich selbst.

Aus meiner Sicht gibt es tatsächlich noch eine Steigerung der Entschuldigungsformel. Vor einigen Jahren bat mich ein Pharmazieunternehmen um Hilfe. Es hatte große Lieferschwierigkeiten und die Damen und Herren vom Innendienst wurden dermaßen von den Kunden, welche überwiegend Apotheken waren, angegriffen, dass die Mitarbeiter nur noch einen Ausweg sahen: Sie meldeten sich reihenweise krank. Dieser Lieferengpass zog sich über mehrere Wochen hin und die Kundenbetreuer hatten den Fehler gemacht, in den ersten Wochen nicht ganz offen mit den Kunden umzugehen. Wenn ein Kunde seine bestellte Ware nicht erhält, ist dies immer ärgerlich, wenn der Kunde jedoch ältere Menschen und Familienangehörige von Patienten in seiner Apotheke stehen hat, die verzweifelt sind, weil die benötigten Medikamente nicht greifbar sind, dann treffen wirklich starke Emotionen aufeinander, die am Ende alle bei den Mitarbeitern im Innendienst ankommen. Den Letzten beißen die Hunde, sagt ein altes Sprichwort und ein verärgerter Apotheker beißt verbal mindestens genauso fest zu.

Wir entwickelten deshalb einen Drei-Stufen-Entschuldigungsplan. Unabhängig von den Maßnahmen und verlässlichen Aussagen, die nun vom Innendienst erwartet wurden, konzentrierte ich mich nur auf die unterschiedlichen Formen der Entschuldigung und ihre Wirkung auf die Betroffenen. Besonders deshalb, da der Wunsch nach der Antwort *„Die fehlende Lieferung ist zuverlässig zu Ihnen auf dem Weg"* nicht erfüllt werden konnte, weil es schlichtweg nicht der Fall war.

Die erste Form lautete: *„Entschuldigen Sie bitte, wir sagen Ihnen so bald wie möglich Bescheid, wann die Lieferung an Sie rausgeht."* Damit gaben sich nur sehr wenige zufrieden und schimpften entsprechend weiter.

Also gab es eine zweite Form als Steigerung: *„Ich bitte Sie um Entschuldigung, ich kann sehr gut verstehen, dass Sie verärgert sind. Sobald ich neue Informationen bezüglich der Lieferung habe, melde ich mich sofort bei Ihnen."*

Auch das half nicht immer und damit kamen wir zur dritten und intensivsten Form: *„Ich bitte Sie um Verzeihung. Ich kümmere mich persönlich darum, indem ich Sie sofort anrufe, wenn die Lieferung an Sie rausgeht. Ich habe mir dazu eine Liste erstellt und sorge damit dafür, das Sie unter den Ersten sind, die angerufen werden, sobald wir Neues wissen."*

Nach dieser Form der Entschuldigung wandelte sich oft plötzlich das Gespräch und der verärgerte Apotheker entschuldigte sich für sein rüdes Verhalten. Er zeigte Mitgefühl für die Dame oder den Herrn am Innendiensttelefon und legte mit freundlichen Worten auf. Spätere Versuche in anderen Situationen, aber mit ähnlich verärgerten Gesprächspartnern, haben mir gezeigt, dass der Satz *„Ich bitte Sie um Verzeihung"* heute noch eine sehr große Wirkung besitzt, vielleicht besonders, weil er so aus der Mode ist und Seltenheitswert hat. Aber auch die Aussage: *„Ich kümmere mich persönlich darum ..."* vermittelt dem Enttäuschten das Gefühl, nicht unbeachtet mit seiner Enttäuschung zu sein und sozusagen einen persönlichen Kümmerer zu haben. Des Weiteren wirken auch die Worte: *„Ich habe es mir notiert …“* wahre Wunder. Sie suggerieren „Es ist schwarz auf weiß festgehalten und geht nicht verloren“ und geben damit ein Gefühl von Sicherheit in einer sehr unsicheren Situation.

Ich persönlich verwende die Worte *„Ich bitte Sie (dich) um Verzeihung“* auch, aber sehr selten – dann habe ich wirklich eine große Dummheit begangen. Zum Beispiel habe ich in 13 Jahren einmal drei Stunden lang vergessen, Oliver, meinen Lebenspartner, abzuholen und das Handy war ausgeschaltet, sodass er mich nicht erreichen konnte. Wobei dass er sozusagen sitzengelassen wurde, gar nicht das große Problem war, sondern mehr die Sorgen, die er sich gemacht hatte, da ich normalerweise sehr zuverlässig und pünktlich bin bzw. ihm zumindest rechtzeitig Bescheid gebe, wenn es mal etwas später wird. Er hat an diesem Tag einige graue Haare bekommen, was mir wirklich sehr leidtat.

Wir alle machen hin und wieder Fehler und dann ist eine Entschuldigung sinnvoll. Doch wie gehen wir damit um, wenn wir zu unrecht kritisiert werden?

Zu unrecht kritisiert

Es gibt Situationen, in denen es wichtig und sinnvoll ist, deutlich *„stopp“* zu rufen und es gibt Situationen, in denen Sie zum Sieger werden, wenn Sie den anderen gewinnen lassen.

Angenommen, Sie werden in einer Besprechung mit mehreren Teilnehmern vor allen zu unrecht angegriffen oder in einer E-Mail mit mehreren Empfängern, dann kann es sinnvoll sein, deutlich zu sagen: *„Das ist nicht richtig, (bitte)* *unterlassen Sie diese Anschuldigung (oder Behauptung).*" Je normaler dabei Ihre Stimmlage bleibt, desto stärker ist die Wirkung Ihres Satzes. Wenn Sie dabei dem Angreifer deutlich in die Augen schauen und eine Pause einhalten, erhöht das die Deutlichkeit und die Ernsthaftigkeit Ihrer Aussage.

Frauen neigen in solch einer Situation dazu, dass ihre Stimme schrill wird, also hochgeht. Männer werden sehr schnell laut und brüllen schon mal los. Beides ist ein Zeichen unserer Empörung und damit Ausdruck, wie sehr wir uns getroffen fühlen. Unsere Zuhörer wissen aber nicht, ob diese Reaktion des Getroffenseins einem „inflagranti erwischt" entspricht oder ob wir über die Ungeheuerlichkeit der Aussage so betroffen sind. Je nach Sympathie, die die Zuhörer empfinden, entscheiden sie, was sie aus der hohen oder brüllenden Stimme heraushören.

Je mehr es uns gelingt, die Worte normal, aber klar und deutlich auszudrücken, desto souveräner und glaubwürdiger wirken wir. Wenn Sie dazu neigen, diese Souveränität nicht zeigen zu können, hilft nur eines: üben und üben Sie es. Ein sehr guter Freund von mir neigte, wenn er sich zu unrecht angegriffen fühlte, dazu, nicht nur zu brüllen, dass man befürchten musste, die Mauern stürzen ein, sondern dabei auch gegen etwas zu schlagen und sei es nur die Tischplatte und zwar so, dass tatsächlich bleibende Schäden zu sehen waren. Er lernte dann eine Frau kennen und lieben, die sich vor diesen Ausbrüchen enorm fürchtete und es war ihm wirklich ernst damit, sich eine gemäßigte Reaktion beizubringen. Als Erstes besorgte er sich dazu einen Profi-Boxsack von über einem Meter Länge, den er hinter seinem Schreibtisch im Büro an der Decke aufhängte und wenn ihn die Wut überkam, schlug er in den Boxsack, was schon mal deutlich leiser war und weniger Schäden verursachte.

Das Abreagieren am Boxsack unterbrach aber auch die verbale Emotionsexplosion, sodass es ihm mit der Zeit gelang, seine Lautstärke zu kontrollieren und ruhiger zu reagieren. Er ist sicherlich noch immer kein „Leisetreter", doch er ist bedeutend souveräner geworden. Liebe ist ein starker Motivator. Welche Motivation brauchen Sie, um über Ihren Schatten zu springen und souveräne Reaktionen zu erlernen?

Auch Frauen haben Möglichkeiten zu lernen, wie sie mit ihrer Stimme unten bleiben können. Stimmtrainer Arno Fischbacher empfiehlt dazu folgende Übung: *„Achten Sie auf die Veränderungen in Ihrer Stimme, wenn Sie erhaben und aufrecht sitzen. Üben Sie diese Veränderung: Beginnen Sie zu sprechen, während Sie entspannt und angelehnt sitzen und richten Sie sich dann langsam auf, bis Sie im ‚Kutschersitz' landen: Beide Füße fest am Boden, Rücken nicht angelehnt und aufrecht, Schultern gelöst, Arme entspannt – und Ihr gedachtes Krönchen am Kopf. Nun sprechen Sie im ‚Brustton der Überzeugung'. Das ist vielleicht nicht viel tiefer, aber sicher voller und voluminöser. So wirken Sie auch stimmlich kompetent und führungsstark."*

Wiederholen Sie diese Übung immer dann, wenn Sie daran denken, egal mit wem Sie gerade sprechen. Mit der Zeit wirkt Ihre Stimme und Ausdruckskraft stärker und überzeugender. Natürlich gibt es viele weitere Übungen, um dieses Ergebnis so schnell wie möglich zu erreichen. Im Internet finden Sie einige Angebote dazu, googlen Sie. Unterstützen Sie die Sichtbarkeit Ihrer Kompetenz durch eine starke Stimme.

Wenn es um Ihre Reputation in der Öffentlichkeit geht, macht es meistens Sinn, ungerechtfertigte Kritik sofort richtigzustellen. Anders kann es sein, wenn Sie unter vier Augen kritisiert werden. Ein Beispiel dazu aus meiner Welt: Ein Kunde ruft mich an und mokiert sich darüber, dass sein Angebot noch nicht eingetroffen ist. Er ist deshalb sauer, weil er eine Entscheidung treffen will und das geplante Training in trockenen Tüchern haben möchte. Ich habe das Angebot gesendet, definitiv und nachweislich. Das könnte ich ihm jetzt sagen und ihm gleichzeitig anbieten, es ihm mit dem automatischen Zeitstempel zu beweisen. Ich würde eindeutig gewinnen. Und dann? Mein Kunde würde sein Gesicht verlieren. Bei solchen oder ähnlichen Gelegenheiten reagiere ich meistens mit der Aussage: „*Vielen Dank für Ihren Hinweis. Lassen Sie uns kurz Ihre E-Mail-Adresse überprüfen, damit sich kein Fehlerteufel einschleicht.*" Manchmal lasse ich auch Entschuldigungen wie: „*Es tut mir leid, dass Sie das Angebot noch nicht erhalten haben*" einfließen. Das bedeutet nicht, dass ich es noch nicht geschickt habe, sondern nur, dass ich es bedauere, dass er es noch nicht erhalten hat. Nach dem Überprüfen der E-Mail-Adresse, ich gehe dabei nicht darauf ein, dass sie richtig war, sage ich: „*Ich sende Ihnen das Angebot sofort noch einmal zu und bitte Sie, mir kurz eine Nachricht zu senden, damit ich weiß, dass es sicher angekommen ist.*" Was dann auch unverzüglich passiert.

Es gibt tagtäglich viele Gelegenheiten, bei denen wir dem anderen beweisen könnten, dass er unrecht hat. Wir würden dabei die Schlacht gewinnen und den Krieg verlieren. Ob es sich um einen Kunden, unseren Partner, eine Kollegin oder um unsere Kinder handelt: Gerade in Partnerschaften, die auf eine längere Zeit und auf Vertrauen ausgelegt sind, macht es oft wenig Sinn, zu beweisen, dass wir recht haben. Recht zu haben, stur zu bleiben oder auf unserem Standpunkt zu beharren, lässt den anderen meist sein Gesicht verlieren. Das fällt niemandem leicht und wenn man sein Gesicht verliert, neigt man dazu, den anderen dafür verantwortlich zu machen. Aus der Perspektive, ob das gerecht ist, ist es ganz klar ungerecht, doch dadurch, dass es menschelt, wenn es um Menschen geht, ist es dennoch so. Wenn wir jedoch die Größe haben zu sagen „*Vielen Dank für den Hinweis*" und gemeinsam eine Lösung zu suchen, geschieht das Phänomen, dass unser Gegenüber von sich aus sagt: *„Oh, sorry, das war ja mein Fehler.“* Wir geben ihm die Möglichkeit Größe zu zeigen und dabei sein Gesicht zu wahren. Das festigt Partnerschaften jeder Art. Werden Sie zum Sieger, indem Sie andere gewinnen lassen!

7. Anstoß: Klick-Surr-Effekt – Was haben Truthennen und Menschen gemeinsam?

Um die Weihnachtszeit liebe ich es, mit meiner Familie oder mit Freunden in das Hotel Vier Jahreszeiten in München zum Teetrinken zu gehen. Mitten in der Lobby steht ein unglaublich großer Weihnachtsbaum, über und über mit Lichtern und Swarovski-Kristallen behängt. Besonders gerne bin ich mit Oliver, meinem Lebenspartner, dort. Wir bestellen dann Tee, sitzen nebeneinander gekuschelt und schauen dem Kommen und Gehen der Gäste zu und – das ist das, was ich besonders liebe – hören den Gesprächen an den anderen Tischen zu. Das ist für mich interessanter, als ins Theater zu gehen. An einem Tisch streitet sich ein gleichgeschlechtliches Liebespaar. Er ist beleidigt, weil sein Partner ihm nicht die nötige Aufmerksamkeit schenkt. Am nächsten Tisch sitzt eine Diva reiferen Jahrgangs und freut sich über jeden, der sie erkennt. Bussi hier und Bussi da. Am Tisch vor mir sitzen zwei Geschäftsleute, die angeregt diskutieren. Ja, liebe Leserinnen und Leser, ich bin kurz- und weitsichtig, aber ich höre extrem gut. Und so könnte ich tagelang in der Lobby sitzen, meinen Tee trinken und am Leben der Gäste teilnehmen. Gut hören zu können und fremde Menschen zu belauschen, heißt aber nicht, dass ich schon immer gut zuhören konnte. Zuhören, also sich auf eine Person zu konzentrieren und sich nicht ablenken zu lassen, auch nicht mit den Gedanken abzuschweifen, ist eine ganz besondere Kunst.

Wie viele Frauen behaupte ich, dass ich multitaskingfähig bin. Wenn also meine Kinder früher kamen und etwas mit mir besprechen wollten, habe ich schon mal nebenbei noch die eine oder andere E-Mail versandt. Meine Kinder waren dann zu Recht sauer, weil ich ihnen nicht wirklich zuhörte. Mal ganz ehrlich, zwei geistige Aufgaben gleichzeitig ausführen kann niemand. Gegenbeweise werden gerne angenommen, gibt es meiner Meinung nach jedoch nicht. Was ganz gut funktioniert, ist eine mechanische und eine geistige Aufgabe zu verbinden, zum Beispiel mit den Kindern abzuspülen und abzutrocknen und sich dabei über die Schule oder die böse beste Freundin zu unterhalten. Sobald Sie sich jedoch auf einen hartnäckigen Fleck auf einem der Teller konzentrieren, hören Sie nicht mehr wirklich, was der andere sagt. Dabei wäre unser Zusammenleben in der Familie oder der Umgang mit Arbeitskollegen oder Kunden sehr viel erfolgreicher, wenn wir besser zuhören könnten. Echtes Interesse an unserem Gesprächspartner zu haben und auch zu zeigen, steigert unseren Erfolg sowohl im Geschäfts- wie auch im Privatleben.

Gutes Zuhören fällt immer schwerer

Warum gelingt es uns immer seltener, unseren Gesprächspartnern echtes Interesse entgegenzubringen und aufmerksam zuzuhören? Denn Sie können es. Sie haben es schon bewiesen. Denken Sie zurück, als Sie das letzte Mal verliebt waren. In den ersten Stunden oder Tagen saßen Sie mit dem Menschen, in den Sie sich verliebt hatten, stundenlang zusammen und haben sich wirklich füreinander interessiert. Sie haben Fragen gestellt und Sie haben Fragen beantwortet. Sie wollten alles genau wissen, sich ein Bild von Ihrem Gegenüber machen, ein Gefühl dafür bekommen, wer denn der Mensch ist, der Ihnen gegenübersitzt. Welche Wünsche, Bedürfnisse, Erlebnisse und Interessen hat er? Sie haben sich dafür interessiert, weil Sie an der Person interessiert waren und weil Sie für sich prüfen wollten, welche Gemeinsamkeiten Sie haben, ob es Parallelen in Ihrem Leben gibt oder zumindest ähnliche Interessen, denn die würden später die Basis für Ihre gemeinsame Zeit sein. Das, was Sie in dieser Situation instinktiv richtig gemacht haben, gilt heute für jede Beziehung, ob familiär oder im Geschäftsleben, gleichermaßen.

Kommen wir zurück zu der Frage, warum es uns oft so schwerfällt, echtes Interesse zu zeigen. Einen Antwortansatz finden wir in der Ethologie (Verhaltensbiologie) am Beispiel der Truthennen. Dazu muss man zwei Dinge über Truthennen wissen. Truthennen haben drei Feinde: Stinktiere, den Menschen sowie Thanksgiving. Truthennen sind liebevolle Mütter für ihre Küken. Stinktiere werden aktiv angegriffen, sobald sich eines blicken lässt, und die Küken werden so lange umhegt und gepflegt, solange sie „tschiep, tschiep" machen. Hört das Küken, aus welchen Gründen auch immer, für längere Zeit auf zu tschiepen, wird es von der Mutter nicht mehr beachtet. In einem Versuch zogen die Wissenschaftler ein ausgestopftes Stinktier an einer Truthenne vorbei und schon stürzte sie sich mit Energie und einer gehörigen Portion Wut auf den vermeintlichen Feind. Außer ...! Außer im Inneren des ausgestopften Stinktiers befand sich ein Tonbandgerät, welches das Stinktier Tschiep-Laute von sich geben ließ. Sofort versuchte die Truthahnmutter das „Küken" zu hegen und zu pflegen. Robert Cialdini beschreibt dieses Verhalten in seinem Buch „Die Psychologie des Überzeugens" als Klick-Surr-Effekt. Es ist wie bei einem Bandgerät: Man drückt den Knopf und schon läuft das Band ab. Das bedeutet für die Truthenne: Tschiep, tschiep – Achtung, hegen, pflegen, füttern!

Erinnern Sie sich noch, als Sie das letzte Mal von einer Urlaubsreise nach Hause kamen und Freunde eingeladen haben, um ihnen von Ihrer Reise zu berichten? Vielleicht erlebten Sie eine Geschichte wie diese: Gerade als Sie von diesem kleinen romantischen Restaurant ganz oben am Berg berichten und das Geheimnis um ein besonderes Fischgericht lüften wollen, grätscht einer der Gäste mit einem Ausruf mitten in Ihre Geschichte rein: „Apropos Fisch essen, ihr wisst ja noch gar nicht, dass ich letzte Woche fast an einer Gräte erstickt wäre. Wenn da nicht …“ Und keiner Ihrer Besucher wird je erfahren, was es mit dem speziellen Fischgericht auf sich hatte.

Das genau ist der Klick-Surr-Effekt. Wenn der Erzähler bestimmte Wörter, Hinweise, Erlebnisse oder eine Meinung von sich gibt, wird in unserem Gehirn ein Knopf gedrückt und sofort läuft ein Band ab. Egal ob beim sonntäglichen Kaffeetrinken Ihr Sohn von einem gemeinen Mitschüler erzählt – Klick-Surr – fällt Ihnen diese boshafte Kollegin aus dem zweiten Stock ein. Oder am Kaffeeautomaten in der Firmenküche berichtet Ihr Kollege von einem außergewöhnlichen Kundeneinwand, den bisher noch kein Kunde gebracht hat – Klick-Surr – denken Sie an alle oft geübten Einwandbehandlungen und checken im Kopf ab, was Sie geantwortet hätten oder Gründe dafür, warum das, was Ihr Kollege gerade erzählt, so nicht richtig sein kann.

Klick-Surr und die daraus entstehenden Automatismen sind einer der wichtigsten Gründe, warum es uns so schwerfällt, echtes Interesse für unseren Gesprächspartner aufzubringen.

Was glauben Sie, wie lange gelingt es uns heute noch, aufmerksam zuzuhören? Sieben Sekunden, drei Minuten oder gar eine Viertelstunde? Das echte Interesse an der Erzählung unseres Partners ist ein wichtiger Bestandteil einer harmonischen Beziehung. Im Verkauf ist das echte Interesse am Gespräch mit unseren Kunden die Basis für eine erfolgreiche Kundenbeziehung. Sogar für Polizisten ist das echte Interesse an den Aussagen des Verdächtigen eine entscheidende Grundlage für die spätere Beweisführung. So liest man im Handbuch „Polizeiliche Vernehmung und

Glaubhaftigkeit – Ein Trainingsleitfaden“: *„Die ersten Minuten einer Vernehmung entscheiden über den weiteren Verlauf. ..., ob es zu einer freien Schilderung der Vorgänge durch die Aussageperson kommt oder nicht, hat erheblichen Einfluss auf Verlauf und Qualität der Vernehmung.“*

Laut einer Erzählung von Roland Buß, Kriminalhauptkommissar und Speaker, hat eine Untersuchung der Verhöre durch Polizisten in Großbritannien ergeben, dass der Verdächtige im Durchschnitt nur sieben Sekunden eine freie Schilderung von sich geben kann, bevor er mit einer Frage oder einer Aussage durch die Polizisten unterbrochen wird. Meiner Meinung nach ist es in Deutschland ähnlich. Wenn der Beschuldigte im Verhör seine Sicht der Dinge erzählt oder etwas abstreitet – Klick-Surr – sofort hat der vernehmende Beamte eine Reihe von Fragen parat, die den Wahrheitsgehalt überprüfen könnte oder er kennt andere Fakten, die darauf warten, dass der Verdächtige damit konfrontiert wird.

Kompetentes Zuhören trägt viel zu unserem persönlichen Erfolg bei. Wie wichtig das Zuhören ist, zeigt auch die Gründung der „Stiftung Zuhören“. Die Stiftung Zuhören schreibt auf ihrer Website: *„Zuhören ist eine Basiskompetenz. Wer sich unterhalten will, muss zuhören können. Wer etwas lernen will, muss zuhören können. Wer Neues verstehen will, muss zuhören können. Zuhören heißt, sich zu konzentrieren, sich auf ein Gegenohr einzulassen, Wichtiges von Unwichtigem zu trennen. Wer zuhört, erweitert seinen Horizont, eröffnet sich neue Welten und gewinnt Einblick in das Denken anderer Menschen. Zuhören hilft bei der Lösung von Konflikten, fördert den zwischenmenschlichen Dialog und belebt den gesellschaftlichen Austausch.“*

Doch wie lernt man erfolgreiches Zuhören? Wie können Sie über sich hinauswachsen und diesen Klick-Surr-Automatismus abschalten? In meinen Trainings streiche ich das Wort „zuhören“ und ersetze es mit dem Wort „hineinhören“. Bei dem Wort „zuhören“ erscheint vor meinem inneren Auge das Bild eines Menschen, der mit seinen beiden Händen das linke und das rechte Ohr zuhält. Und bei manchen Reaktionen von Gesprächspartnern könnte man meinen, genau das hat die Person gerade getan. Bei dem Wort „hineinhören“ erscheint für mich das Bild eines Doktors mit Stethoskop, das er auf den Körper seines Gegenübers setzt und in ihn hineinhört. Aber nicht nur, dass der Arzt ganz konzentriert auf die Stelle des Körpers ist, auf die er das Stethoskop angesetzt hat, nein, die beiden Ohrstöpsel verschließen auch die Ohren für die Außengeräusche. Um dieses Bild bei Ihnen, liebe Leserin, lieber Leser, zu festigen, benutze ich von jetzt an in diesem Kapitel das Wort „hineinhören“.

Die gute Nachricht ist, dass wir im Allgemeinen niemandem aus Boshaftigkeit ins Wort fallen. Dass wir die Aussagen des anderen mit unseren Aussagen unterbrechen, liegt überwiegend an unseren Emotionen und unseren Ängsten. Was ist mit den „Emotionen“ gemeint? Wenn wir unser Eingangsbeispiel „romantisches Restaurant versus Fischgräte verschluckt“ ansehen, hat dieses „beinahe erstickt“ starke Emotionen bei uns ausgelöst. Mit dem Stichwort „Fisch“ kommt das Erlebnis einschließlich der dabei erlebten Emotionen wieder hoch und wir explodieren geradezu, so groß ist der Druck, der sich wiederholenden Emotion. Je stärker die Emotion, desto stärker der Druck, das Erlebnis erzählen zu müssen. Methoden, die mir dabei helfen, diesem Erzähldruck nicht über das Ventil „ich platze mit meiner Geschichte einfach heraus“ nachzugeben, sind zum einen tief einatmen und lange ausatmen, das wiederhole ich zwei- oder dreimal. Zugegebenermaßen lenkt es mich aber einige Sekunden vom aufmerksamen Hineinhören ab. Eine Technik, die schneller wirkt: Ziehen Sie sich kurz, aber kräftig am Ohrläppchen, das lenkt die Spannung um und Ihre Aufmerksamkeit ist wieder beim Erzähler. Natürlich können Sie auch die Methode des „Sense Focusing“ anwenden, wie in Kapitel 7 beschrieben. Alle drei Techniken helfen Ihnen, ein besserer Hineinhörer zu werden, wenn Sie von Emotionen, die durch die Erzählung Ihrer Gesprächspartner ausgelöst wurden, verleitet werden, mit Ihrer Geschichte herauszuplatzen und die Konzentration zu verlieren.

Der zweite Grund, warum wir gerne bei passenden Stichwörtern in die Erzählung unseres Gesprächspartners hineingrätschen, ist die Angst, dass wir vergessen, was wir sagen möchten. Gerade wenn Menschen mit ähnlichen Aufgaben oder in ähnlichen Situationen und damit mit analogen Erlebnissen zusammensitzen, hat man schon mal das Gefühl, seine Geschichte nicht mehr anbringen zu können. Ob in der Familie die Kinder von der Schule erzählen oder junge Elternpaare den ersten Tag im Kindergarten schildern oder Kollegen in derselben Firma über Erlebnisse mit Kunden berichten oder ein Verkäufer mit seinem Kunden über ein spezielles Produkt spricht – in solchen Fällen kann jeder der Gesprächspartner etwas zum Thema beitragen und möchte dies natürlich auch.

Wie können Sie wachsen und lernen, diesen Klick-Surr-Automatismus zu dämpfen? Wenn ein Familienmitglied, zum Beispiel meine Tochter, in einer gemütlichen Runde etwas erzählt, beschließe ich, dass sie gerade auf der Bühne steht und ihr diese ganz allein gehört. Ich freue mich, dass mir auch eine ähnliche Geschichte eingefallen wäre und hänge ein Stichwort dazu an meinen Ellenbogen. Das ist eine Memory-Technik, um nichts zu vergessen. Wenn es am Ende der Erzählung meiner Tochter noch passt, kann ich meine

Geschichte erzählen. Oft zeigt sich aber, dass die Familie schon wieder eine Geschichte weiter ist und mein Beitrag gar nicht vermisst wurde.

Bei meinen Gesprächen mit einem potenziellen Kunden habe ich zwei Arten, damit umzugehen, wenn der Gedanke, welcher mir kam, als mein Kunde „den Knopf drückte", ausschlaggebend und wirklich wichtig ist: Ich schreibe mir ein Stichwort dazu auf, um danach, wenn mein Kunde alles zu seiner Sichtweise erzählt hat, den Gedanken anzubringen oder ich hänge das Stichwort wieder an meinen Ellenbogen, um darauf einzugehen, wenn sich noch die Zeit oder die Situation ergibt.

Sie unterbrechen den Erzähler, was jetzt?

Wenn es mir mitten im Gefecht passiert, ich also in die Erzählung meines Gegenübers mit meiner Geschichte hineinplatze und ich es bemerke, halte ich mitten im Satz inne – also in dem Moment, in dem es mir auffällt – entschuldige mich und bin still. *„Einfach mal die Klappe halten"*, wie Dieter Nuhr sagt – aber plakativer. Meine erzählenden Gesprächspartner bringen ihre Geschichte dann zu Ende. Das passiert mir immer wieder einmal und ist in keinem Fall tragisch. Wichtig ist nur, dass wir souverän damit umgehen. Mit einiger Übung wird die Konzentration auf das reine Hineinhören wieder kontinuierlich besser und damit die Basis für ein erfolgreiches Gespräch geschaffen.

Was können Sie tun, wenn Ihre Gesprächspartner Sie unterbrechen? Je nachdem, in welcher Beziehung Sie zu ihnen stehen, gibt es verschiedene Möglichkeiten. Wenn zum Beispiel mein Kunde mit einer „emotionalen" Geschichte in meine Erzählung platzt, sage ich: *„Einen Moment noch bitte, lassen Sie mich kurz ausreden, damit ich Ihnen dann* *konzentriert folgen kann.*" Dabei lächle ich. Am Ende meiner Erzählung fordere ich ihn dann auf, sein Erlebnis zu berichten. Wenn es mehr um den Austausch von Argumenten geht, reagiere ich folgendermaßen: *„Vergiss nicht, was du sagen wolltest, das ist ein wichtiger Punkt. Lass mich kurz ausreden, dann kennst du alle meine Argumente und wir schauen uns deine Punkte genau an.*" Auch dabei lächle ich. Das sind Sätze, die gut funktionieren, wenn mein Gegenüber mich nicht aus persönlichen Vorteilsgründen unterbricht. Wenn ich merke, dass mir jemand den Boden streitig macht, auf dem ich argumentiere, kann die Aufforderung auch etwas deutlicher ausfallen. *„Stopp! Ich bin noch nicht fertig. Lassen Sie mich ausreden. Anschließend bin ich gerne bereit, mir Ihre Argumente anzuhören.*" Schauen Sie Ihrem Gesprächspartner dabei in die Augen, halten Sie sich gerade und bleiben Sie mit Ihrer Stimme auf einer Ebene.

Über seinen Schatten zu springen heißt auch, für seine Argumente einzustehen und sie vollständig vorzubringen, gegebenenfalls mit Nachdruck.

Mit Fragen Vertrauen gewinnen

Sicherlich kennen Sie den Spruch „Wissen ist Macht". Für mich bedeutet eine erfolgreiche Beziehung, ob mit meinen Kindern, meinen Freunden oder meinem Lebenspartner, dass ich echtes Interesse an ihr habe und zeige. Das gilt auch für meine zahlreichen Geschäftsbeziehungen. Deshalb habe ich diesen bekannten Spruch für mich etwas umgewandelt. Für mich bedeutet Wissen Vertrauen, also ist das Wissen über den anderen für mich ein Geschenk. Jemand vertraut mir seine Ideen, sein Wissen oder seine Emotionen an. Und ich vertraue ihm. Dieses Vertrauen ist die Basis einer guten Beziehung, egal ob geschäftlich, persönlich oder privat. Um dieses Wissen zu bekommen, gehört zum einen das erfolgreiche Hineinhören, indem ich mich ganz auf meinen Gesprächspartner konzentriere, zum anderen aber auch mein ernsthaftes Interesse durch Fragen zu zeigen. Erinnern Sie sich noch an das Beispiel „verliebt sein" weiter vorn im Kapitel? Wenn wir uns verlieben, also echtes Interesse am anderen haben, sind es drei Dinge, die wir instinktiv richtig machen: Wir hören zu, wir stellen Fragen und wir erzählen von uns.

Richtiges Hineinhören und gute Fragen zu stellen, macht Sie in den Augen Ihrer Gesprächspartner zum erfolgreichen und charismatischen Verbündeten, vielleicht sogar zum Freund. Der Physiker und Nobelpreisträger Richard Feynman hatte Angst, den Nobelpreis in Empfang zu nehmen, weil er wusste, danach würde er sich auch oft auf dem gesellschaftlichen Parkett bewegen müssen. Worüber sollte er dann mit den Herren und ganz besonders mit den Damen sprechen? Es interessierte ihn bis zu diesem Moment nicht, welche Automarke die bessere oder welcher Kaviar der geeignete für besondere Gäste ist. So verlegte er sich darauf, Fragen zu stellen. Innerhalb einer Ballsaison wurde er zum absoluten Liebling der Gesellschaft und nur deshalb, weil er Fragen stellte. Dabei waren seine bevorzugten Fragen die offenen Fragen: *„Weshalb …?"*, *„Warum …?"*, *„Wie sehen Sie das …?"*, *„Was ist Ihre Erfahrung damit …?"* Die Damen gerieten in helles Entzücken über sein echtes Interesse an ihren Klatsch- und Gesellschaftsgeschichten.

Wir können unserem Gegenüber nur zuhören, wenn wir still sind und wenn es etwas erzählt. Dabei tun sich unsere Gesprächspartnerinnen und Gesprächspartner nicht immer leicht. Unterstützen Sie sie mit den richtigen Fragen. Der Volksmund sagt: „Wer fragt, der führt." Das stimmt, denn mit der richtigen Art zu fragen, können Sie einen „Schweiger" zum Reden bringen und einen „Vielredner“ davon abhalten, sich im Kreisverkehr seiner Erzählungen zu verlieren.

„Schweiger“ sind die Gesprächspartner, denen Sie jedes einzelne Wort wie einen Wurm feinsäuberlich aus der Nase ziehen müssen, Würmchen für Würmchen. Das sind Menschen, die gerade immer so viel sagen, wie unbedingt nötig ist, und die sofort aufhören zu sprechen, sobald man ihnen ins Wort fällt. Sie lassen sich auch oft mit ihren Antworten sehr viel Zeit und zwischen dem einen und dem anderen Gedanken kann man locker den Leitartikel der FAZ unterbringen. Vor einigen Jahren, als ich in einem IT-Unternehmen im Vertrieb tätig war, hatte ich eine Kollegin, die für das Produktmarketing zuständig war. Einer unserer Entwickler, Herr Bürki, war Schweizer, hochbegabt und eine Koryphäe auf seinem Gebiet. Er war mehr ein Schweiger als ein Vielredner. Wie viele Entwickler war er eher nachtaktiv, sodass Abstimmungsgespräche mit meiner Kollegin meistens am Abend, manchmal auch spätabends telefonisch stattfanden. Eines Morgens kam sie, sie hieß auch Gabi, ins Büro und war sehr aufgeregt. Sie erzählte: *„Stell’ dir vor, ich bin heute Morgen mit dem Telefonhörer in der Hand aufgewacht. Gestern Abend habe ich mit Herrn Bürki telefoniert. Ich habe ihm eine Frage zur neuen Version gestellt und kann mich nicht mehr erinnern, wann seine Antwort kam. Jedenfalls bin ich vorher eingeschlafen. Peinlich. Was soll ich jetzt machen?“* Meine Antwort war schlicht: *„Ruf’ ihn an und sag’ es ihm einfach. Wenn er sauer sein sollte, was ich nicht glaube, kannst du dich immer noch entschuldigen.“* Beim anschließenden Telefongespräch meinte unser Genie, das habe er sich schon gedacht, da er ihr alles über die Version erzählen konnte, ohne ein einziges Mal unterbrochen zu werden. Das wäre ihm nach einigen Minuten auch etwas komisch vorgekommen ... Meine Kollegin war sonst eher die dynamische Rednerin.

Durch offene Fragen sowie viel Geduld und natürlich konsequentes Klappehalten erzählen aber auch ruhigere Gesprächstypen gerne etwas. Unterstützen können Sie sie außerdem durch aktives Zuhören, also indem Sie immer wieder ein Lebenszeichen des Zuhörens geben, wie zum Beispiel: zustimmend mit dem Kopf nicken oder zustimmende Laute wie „hm", „ja", „interessant", „aha" oder Ähnliches von sich geben.

Anders ist es beim Vielredner. Das ist die Sorte von Gesprächspartnern, die gerne einmal vom Stamm über den Ast zum Ästchen und nach einigen Blättern endlich zur Blüte kommt, und das ohne einmal Luft zu holen. Bei diesen Zeitgenossen ist es sinnvoller, mit geschlossenen Fragen zu arbeiten, also Fragen, bei denen ein gesprächiges Gegenüber nur mit „ja" oder „nein" oder einem Wort antworten kann. Zum Beispiel anstatt: *„Was denken Sie über das Reisen mit der Bahn?"* ist es besser, zu fragen: *„Sind Sie mit der Bahn angereist?"* Wenn ich weiß, dass ich einen Termin mit einem Vielredner habe, jedoch wenig Zeit ist, überlege ich mir eine Reihe von Fragen, die er oder sie dann theoretisch nur mit „ja" oder „nein" beantworten kann und führe meinen Gesprächspartner so durchs Ziel. Bei seinen Antworten halte ich mich mit Beispielen des aktiven Zuhörens vollkommen zurück.

Der Klick-Surr-Effekt tritt aber nicht nur auf, indem er uns veranlasst, unsere Gesprächspartner nicht ausreden zu lassen, sondern wir erleben ihn auch immer wieder in unseren Reaktionen auf verschiedene Lebenssituationen. Im vorhergehenden Kapitel haben Sie bereits den Begriff „Signalwörter" kennengelernt. Das sind die Wörter, die bei uns oder unserem Gesprächspartner meistens eine automatische Reaktion auslösen, die nicht unmittelbar im logischen Zusammenhang zum gesprochenen Wort oder zur Aussage stehen. Wenn ich meine Teilnehmerinnen und Teilnehmer im Training frage, welche „Signalwörter“ sie haben, sind die Antworten stets sehr unterschiedlich und meistens kann keiner der Anwesenden wirklich verstehen, warum genau dieses Wort oder diese Aussage den Teilnehmer so auf die Palme bringen. Mein Beispiel kennen Sie bereits: *„Was hast du den ganzen Tag gemacht?“* Beispiele meiner Teilnehmer sind unter anderem: *„selbstverständlich“*, *„kein Problem“*, *„Rente“*, *„mach mal schnell“*, *„geht scho'“*. Hinter jedem dieser „kleinen“ Wörter steckt eine große Geschichte und so manches unangenehme Erlebnis. Hören Sie einmal in sich hinein, was ist Ihr Signalwort? Wie oft haben Sie schon sauer reagiert, wenn zum Beispiel Ihre Lebenspartnerin oder Ihr Kollege dieses Wort benutzt hat? Bei welchem Wort läuft Ihr „Reaktionsband“ ab? Wann passiert es Ihnen, dass Sie von einem Moment auf den anderen schlecht gelaunt sind, sich oft selbst nicht erklären können, was gerade passiert ist, warum eine schöne Stimmung plötzlich kippt und Sie am Ende im Streit auseinandergehen?

Wenn Sie Ihr Signalwort gefunden haben, haben Sie zwei Möglichkeiten, um das Band abzustellen. Zum einen: Sie informieren Ihre Umwelt über Ihr Signalwort, eventuell mit der dazugehörigen Geschichte, das hilft, um unsere Nächsten zu sensibilisieren. Bei Familienangehörigen ist das normalerweise kein Problem, auch bei langjährigen Kollegen ist es möglich, bei entfernteren Kontakten oder gar Kunden und Geschäftspartnern jedoch eher weniger. Und damit kommen wir zur anderen Möglichkeit: Sie immunisieren sich gegen die Wirkung des Signalworts. Genauso wie Sie das Band an einem Tonbandgerät – die etwas Älteren unter Ihnen erinnern sich noch – anhalten beziehungsweise stoppen können,

können Sie das auch mit Ihrem Reaktionsband. Nutzen Sie dazu drei Schritte: Erstens: Sobald Sie das Signalwort definiert haben, fassen Sie den festen Entschluss, dass Sie sich davon nicht mehr aus der Ruhe bringen lassen. Zweitens: Erforschen Sie Ihre Geschichte zu diesem Wort. Was waren die Umstände, unter denen das Wort fiel? Wer hat es warum gesagt? Was genau hat Sie dabei so getroffen? War es das Wort selbst oder waren es dazugehörige Handlungen? Drittens: Beginnen Sie einen Verarbeitungsprozess rund um Ihr Signalwort. Schreiben Sie die Geschichte dazu auf, erzählen Sie die Geschichte einer Person Ihres Vertrauens oder schreiben Sie dem Sender Ihres Signalworts einen Brief, in dem Sie Ihre Empörung darüber zum Ausdruck bringen. Danach können Sie den Brief verbrennen oder in einem persönlichen Schatzkästchen ablegen. Bei außergewöhnlich tragischen Geschichten rund um Ihr Signalwort ist es hilfreich, professionelle Hilfe in Anspruch zu nehmen. Wann immer Sie und Ihr Signalwort wieder zusammentreffen, halten Sie inne und machen Sie sich bewusst: Signalwort – Band anhalten. Am Anfang bemerken Sie es vielleicht erst nach Ihrer Reaktion, dann können Sie sich zeitnah entschuldigen, später während Ihrer Reaktion, dann können Sie einfach aufhören und danach kurz vor Ihrer üblichen Reaktion. Geschafft! Manchmal geht es ganz schnell, sobald Sie einmal bewusst damit umgehen.

Eines habe ich aus meiner Geschichte mit meinem Lebenspartner und seinem *„Was hast du den ganzen Tag gemacht?"* gelernt: Wenn wir nicht so verliebt gewesen wären, hätte ich ihm die Geschichte und meine Aufregung nicht erzählt und er hätte nicht so konsequent und liebevoll nachgefragt, nachdem ich einige Male explodiert war. Mein Signalwort hätte dadurch großen Einfluss auf meine Beziehung und auf mein Leben gehabt, obwohl die primäre Ursache überhaupt nicht mehr relevant war. So viel Macht wollte ich keiner Situation und keiner Person aus meiner Vergangenheit mehr geben.

Andererseits können Sie natürlich auch der „Leidtragende“ eines Signalworts Ihres Gesprächspartners sein. Egal ob das in einem Gespräch mit einem Kunden passiert oder mit einer Kollegin oder Ihrem Lebenspartner. Die Person Ihnen gegenüber reagiert in einer Art und Weise, die Sie sich nicht erklären können und die unter alltäglichen Aspekten sehr auffallend erscheint. Für mich ist das oft eine Erklärung, die ich mir gebe, wenn ein Gesprächspartner auf eine scheinbar neutrale Aussage von mir, sagen wir mal, ungewöhnlich reagiert. Näherstehende Partner spreche ich aktiv darauf an, sobald sich der Rauch verzogen hat. Weniger verbundene Gesprächspartner lasse ich in Frieden ziehen und nehme die Reaktion nicht persönlich.

Es gibt die Redensart: „zwischen den Zeilen lesen“. Durch Andeutungen, die nur der eingeweihte oder betroffene Leser versteht, teilt der Absender Neues oder Ergänzendes mit, ohne dass Unbefugte den Sinn verstehen. Gibt es dieses „zwischen den Zeilen lesen“ auch im Sinne von „zwischen den Zeilen hören“? Meiner Meinung nach, ja. Und die gute Nachricht: Das kann man üben. Ich habe dazu lange Zeit Telefongespräche aufgezeichnet und sie mir immer wieder angehört. Gerade bei Verhandlungen oder bei wichtigen Entscheidungsgesprächen oder auch bei Streitgesprächen ist das sehr lehrreich. Nach dem fünften bis zehnten Mal hören Sie nicht mehr auf die einzelnen Wörter und deren Aussage, sondern Sie fangen an, sich auf die Modulation der Stimme zu konzentrieren. Dabei bemerken Sie, ob sich jemand freut, ob er oder sie nach einer Aussage eingeschnappt ist, ob Sie wirklich verstanden wurden oder ob jemand Sie gerade angeschwindelt hat. Mit der Zeit „verstehen“ Sie die Aussagen zwischen den Zeilen immer schneller, irgendwann auch direkt während des laufenden Gesprächs. Das gilt natürlich nicht nur für Telefonate, sondern auch im persönlichen Gespräch. Das Üben geht mit Telefongesprächen nur leichter. (Kleine Anmerkung für Datenschützer: Selbstverständlich haben die Bänder meinen Schreibtisch nicht verlassen und wurden anschließend ordnungsgemäß vernichtet.) Lernen Sie besser in Ihre Gesprächspartner hineinzuhören, das macht übrigens viel Spaß. Sie werden erstaunt sein, wie viel Sie mit der Zeit besser hören und verstehen, und auch darüber, wie einfach es ist, Ihre Gesprächspartner zum Lächeln zu bringen und positive Klick-Surr-Effekte zu erzeugen.

Springen Sie über Ihren Schatten und lernen Sie, Ihre persönliche Fähigkeit, sich in eine Person hineinzuhören, zu schärfen. Es ist eine erfolgsbringende und nützliche Fähigkeit.

8. Anstoß: Reziprozitätsgesetz – Wie du mir, so ich dir

Fernsehabend, Krimizeit: Ein kleines Mädchen soll entführt werden und wird deshalb von einer sehr netten FBI-Agentin in Sicherheit gebracht. Dass das kleine Mädchen total verängstigt ist, ist offensichtlich, deshalb schenkt ihr die Frau einen Anstecker mit der amerikanischen Flagge mit den folgenden Worten: *„Das ist ein Zauberstecker, er beschützt dich und macht dich ganz stark.“* Das Mädchen lächelt und greift sofort an sein Handgelenk, an dem es ein Armband mit lustigen Tierfiguren trägt, nimmt es ab und schenkt es der Agentin. Natürlich war es ein amerikanischer Krimi. Doch genau diese Reaktion erleben wir nicht nur in drehbuchgeführten Krimis und in Amerika, sondern es gibt sie auf der ganzen Welt. Und gerade Kinder reagieren ganz intuitiv schon sehr früh auf diese Weise: Sie bekommen ein Geschenk und geben spontan ein Geschenk zurück. Dabei geht es nicht um Werte oder das Abwägen, ob das eigene Geschenk teurer oder billiger ist, sondern es ist eine ganz spontane, von Herzen kommende Geste. Bei meinen eigenen Kindern habe ich sogar erlebt, dass sie in solch einer Situation ihr Lieblingskuscheltier von Herzen gerne hergegeben haben und dann abends bitterlich weinten, weil sie es vermissten. Der Fachbegriff dafür ist Reziprozität. Oder in schlichtem Deutsch: Wie du mir, so ich dir! Seit den frühen 1990er-Jahren hat diese Form der sozialen Präferenz Eingang in die Wirtschaftswissenschaften gefunden.

Es bedeutet, dass wir Menschen belohnen, die großzügig waren oder uns einen Gefallen erwiesen haben oder einfach nur ein faires Verhalten an den Tag legten. Das Erstaunliche an der Reziprozität ist, dass sie sich durch alle Kulturen und durch alle Schichten und Altersklassen zieht. Genauso wie das kleine Mädchen ihrer Retterin ein Geschenk gibt, geben wir unserem Nachbarn ein Präsent, wenn er uns Starthilfe für unser Auto gegeben hat. So hilft eine Firma einer anderen Firma aus, wenn es zu Engpässen bei der Auslieferung kommt. Eine Stadt unterstützt die andere, wenn Unwetter sie heimsuchen und ein Land das andere, wenn eine Naturkatastrophe ausbricht.

Im Grunde genommen ist der Mensch, individuell gesehen, besser als sein globaler Ruf. Wir sind im Großen und Ganzen hilfsbereit, auch wenn wir dabei stark differenzieren. So unterstützen wir Personen, die uns verwandtschaftlich oder als enge Freunde verbunden sind, pauschal gesehen eher als wildfremde Menschen. Bei Wildfremden sind wir eher hilfsbereit, wenn uns diese sympathisch sind. Als sympathisch empfinden wir Menschen aus den unterschiedlichsten Gründen, zum Beispiel weil der Funke sofort überspringt, wie man landläufig gerne sagt, wenn wir jemanden auf Anhieb, ohne große Begründung sympathisch finden. Schnell sympathisch sind uns auch Personen, die in unseren Augen ausgesprochen gutaussehend sind.

Das liegt unter anderem daran, dass wir schönen Menschen angenehme und positive Eigenschaften wie Ehrlichkeit und Freundlichkeit automatisch zuschreiben. Erstaunlicherweise können wir uns gegen den Glaubenssatz „schön ist gleich gut“ selbst dann schwer wehren, wenn wir ihn theoretisch und vom Kopf her verstanden haben. Aber bevor unsere linke Gehirnhälfte sagt: „Achtung, schön kann auch gefährlich, unehrlich und Schlimmeres sein“, hat unsere rechte Gehirnhälfte schon mit „ja“ auf die Bitte des Fragenden geantwortet. Meistens sind wir uns dieses Vorurteils jedoch gar nicht bewusst und würden, wenn wir darauf angesprochen werden, dies sogar vehement abstreiten.

Persönlich fiel mir dies vor einigen Jahren auf. Wir hatten gerade den Auftrag erhalten, eine Vertriebsmitarbeiterin für einen Kunden zu suchen. Es waren an die 50 Bewerbungen bei uns eingegangen. Im ersten Schritt überflog ich die Bewerbungen und teilte sie in drei Stapel ein: geeignet, vielleicht geeignet, nicht geeignet. Danach gab ich meinem Assistenten den Auftrag, für jede Gruppe eine Excel-Liste anzulegen und die dazugehörigen Bewerbungen mit einigen Daten wie Alter, Gehaltsvorstellung und Ausbildungsgrad anzulegen. Meine Mitarbeiter sind alle mit einem Chat verbunden, das heißt, sie können Informationen in Kurznachrichten über ihren Monitor austauschen. Der Hauptnutzen liegt darin, Fragen zu den täglichen Aufgaben schnell und ohne großes Herumlaufen auszutauschen. Natürlich wird auch Klatsch und Tratsch darüber verbreitet, was vollkommen in Ordnung ist. Während des Erstellens der Excel-Liste landete eine dieser Chat-Nachrichten auf meinem Monitor. Da stand: „Gaby sucht nur schöne Mitarbeiter aus." Rums, das saß, 100 Punkte auf der Zielscheibe. Nebenbei bemerkt, der Chat war nicht für mich bestimmt gewesen. Mein Assistent war in der Empfängerzeile verrutscht. Ich sprach ihn an und widersprach dabei sofort vehement. Es war ihm natürlich unangenehm. Doch darum ging es mir nicht, ich habe kein Problem mit offenen Worten. Ich bin gerne bereit, die Meinung oder die Aussage meines Gegenübers zu diskutieren. Selbstverständlich konnte ich meinem Assistenten viele logische Gründe für meine Entscheidung, welche Bewerbung in welchen Stapel kam, geben. Unser Gehirn ist für Erklärungen im Nachhinein extrem erfinderisch. Unter uns, liebe Leserinnen und Leser, es war mir schrecklich peinlich, wie recht mein Assistent doch mit seinem Chat gehabt hatte. Gerade im ersten Schnelldurchlauf sind wir auf keinen Fall davor gefeit, die schönen Bilder respektive schönen Menschen auszuwählen.

Neben dem Aussehen haben aber auch Gemeinsamkeiten einen großen Einfluss darauf, wie hilfsbereit wir sind. Der eine oder andere von Ihnen hat dies sicherlich schon im

Urlaub erlebt. Je weiter wir von zu Hause weg sind, desto mehr freuen wir uns, mitten im Dschungel, in der Savanne oder auf einem hohen Berg plötzlich jemanden in unserer Sprache oder gar in unserem Dialekt reden zu hören. Das funktioniert aber auch, wenn eine Person einen annähernd gleichen Namen hat, unserem Lieblingsbruder oder einer alten Liebe ähnlich sieht. Umgekehrt ist es natürlich genauso: Als unsympathisch stempeln wir schnell jemanden ab, der unserem bösen Mathelehrer gleicht oder dessen Dialekt uns an eine Liebe erinnert, die es nicht wirklich ernst mit uns gemeint hatte. Deshalb habe ich jahrelang bei meiner Bewerberauswahl mit einem Persönlichkeitstool gearbeitet, das mir half, meine persönlichen Vorlieben oder Ressentiments auszuhebeln und zu meinem subjektiven Eindruck einen objektiven zum Vergleich zu haben. Dies hat mich vor mancher Fehlentscheidung bewahrt.

All diese Vorurteile, die positiven wie die negativen, werden jedoch durch das Reziprozitätsgesetz außer Kraft gesetzt. Nämlich dann, wenn uns unser Gegenüber ein Geschenk macht oder uns einen Gefallen erweist. Es kommt sogar noch schlimmer, je negativer unser Vorurteil der Person gegenüber war, berechtigt oder unberechtigt, desto mehr sind wir daran interessiert, den Gefallen wiedergutzumachen, obwohl der Schenkende oder die Person, die uns einen Gefallen erwiesen hat, gar nichts von unserer Voreingenommenheit wusste. Ist die positive Reziprozität deshalb etwas Schlechtes? Nein, im Gegenteil. Sie hält die Menschen zusammen und auch am Überleben. Das ist ein soziales Verhalten, das sich erstaunlich selbstständig über alle Generationen hinweg entwickelt hat. Es ist ein Selbstreinigungsmechanismus. Wer nur nimmt und nie gibt, wird ausgegrenzt. Wir haben gelernt, uns an die Regeln zu halten, weil wir ein Teil unserer Gesellschaft, unserer Gruppe, unserer Familie oder Ähnlichem sein wollen.

Und, das ist die gute Nachricht, wir können und dürfen es strategisch nutzen. Dazu ein Beispiel aus meinem Arbeitsalltag: Zu meinen Aufgaben gehört es, Kunden durch telefonische Kaltakquise zu gewinnen. Es war mir gelungen, eine Entscheiderin an die Strippe zu bekommen und wir vereinbarten, dass sie Unterlagen von mir bekommen würde. Die Unterlagen waren: mein Buch „Verkaufe dein Produkt, nicht deine Seele“, unser Trainingsangebot und eine Packung Merci-Schokolade. Einige Tage danach erfolgte der wichtige Angebotsnachverfolgungsanruf. Die Telefonzentrale stellte mich durch und an der Meldung meiner Ansprechpartnerin merkte ich schon, dass da etwas nicht stimmte. Ich nannte meinen Namen und sagte: *„Sie haben unsere Unterlagen mit meinem Buch erhalten. Was hat Sie angesprochen?“* Es kam die schnippische Antwort: *„Ich habe nichts bekommen“* und der Ton zeigte klar, dass sie mich nicht zuordnen konnte. Sie wusste weder mit meinem Namen noch mit meinem Trainingsangebot etwas anzufangen. Da ich nicht an Fehler durch die Bundespost glaube, diskutierte ich auch nicht darüber, sondern drückte mein Erstaunen aus und wiederholte meinen Satz: *„Das Buch mit den Unterlagen zum Trainingsangebot …“* Kurze Pause – keine Reaktion. *„… und die Schokolade.“* Plötzlich ein Lachen und ein Ausruf: *„Ja, die Schokolade – die habe ich erhalten, stimmt!“* Danach kam eine kurze Erklärung, dass sie es noch nicht geschafft habe, das Paket zu öffnen und sich die Unterlagen anzusehen und schon fast entschuldigend, dass sie aber auch die Schokolade noch nicht gegessen hätte. Ich habe ihr einen Deal angeboten: Sie sollte mir sagen, bis wann sie es schafft, die Unterlagen bewusst anzusehen und ich gebe die Schokolade zum sofortigen Verzehr frei. Lachend nahm sie mein Angebot an. Fester Telefontermin im Januar – und die

Schokolade wird verzehrt. Wir haben mittlerweile mehrmals miteinander telefoniert und immer wieder kam sie auf die Schokolade zu sprechen, sie behandelt mich auch ausgesprochen freundlich, fast wie eine Bekannte.

Im Handel und in der Wirtschaft gibt es viele Beispiele, bei denen das Reziprozitätsgesetz funktioniert. Ob es die Probierhäppchen bei einer neuen Käsesorte sind, die uns motivieren, anschließend ein Stück für zu Hause mitzunehmen, die bunt bemalten Postkarten der SOS-Kinderdörfer oder der mund- und fußmalenden Künstler, die man sich ohne Spende gar nicht recht zu verwenden traut. Welche Beispiele gut oder schlecht sind und ob diese Art der Angebote als solche nicht überhandnimmt, kann und soll jeder für sich entscheiden. Doch auf eine intelligente und faire Nutzung im eigenen Leben zu verzichten, wäre ungeschickt.

Wir brauchen und wir wollen die Unterstützung unserer Mitmenschen. Was spricht dagegen, ihnen die Hilfe, die sie uns gewähren, durch eine Geste leichter werden zu lassen beziehungsweise ihnen zu zeigen: *„Ich will nicht nur, ich gebe auch“*? Da es sich um einen Kreislauf handelt, hat jeder von uns etwas davon.

Was können Sie als Schattenspringer oder Schattenspringerin tun, um durch Ihre Umwelt Unterstützung zu erhalten? Fragen Sie sich, von wem Sie Unterstützung brauchen. Wenn Sie eine Liste derer erstellt haben, die Ihnen nützlich sein können, überlegen Sie, was Sie für diese Unterstützungsgeber tun könnten. Das kann natürlich die Schokolade sein – bitte hier keine großen und übertriebenen Geschenke, gerade im Business gibt es sehr schnell Probleme mit Compliance – aber noch besser wären natürlich „Geschenke“, die nicht unmittelbar mit Geld zu bezahlen sind, zum Beispiel wertvolle Tipps aus Ihrer Branche, die so nach und nach ein

Nachschlagewerk für Ihre Kunden ergeben, die Vermittlung eines wichtigen Kontakts, ein Artikel aus einer der zahlreichen Tages- und Wochenzeitungen oder etwas moderner, ein Link zu einem Fachartikel im Internet, der für Ihren Geschäftskontakt von Interesse ist. Auch ein spontanes oder lustiges Mitbringsel kann ein überraschtes Lächeln auf die Lippen des Beschenkten zaubern. In meinem Kollegenkreis gibt es eine Kollegin, deren Markenfarbe Orange ist, sie liebt es, kleine Aufmerksamkeiten in Orange zu versenden. Wenn mir unterwegs etwas in Orange begegnet, das eine Inspiration sein könnte und das zu ihr passt, nehme ich es mit und lasse es ihr zukommen.

Wie viel muss in den Topf rein, damit etwas herauskommt?

In den letzten fünfzehn Jahren sind viele Frauennetzwerke entstanden und grundsätzlich war und ist die Idee, dass sich Frauen mit ihren Kontakten, ihrem Wissen und ihrem Engagement gegenseitig unterstützen, sehr sinnvoll. Diese Frauennetzwerke waren als Gegenstück zu den eingeschworenen Seilschaften der Männer gedacht. Ich bin in einigen dieser Netzwerke seit mehr als fünfzehn Jahren Mitglied und habe viele Frauen kommen und gehen sehen. Wenn ich mit Frauen spreche, die nach einem Jahr austreten, höre ich oft den Satz: *„Das bringt mir nichts."* Da denken Frauen zu kurzfristig. Es macht keinen Sinn, eine Liste zu führen, was man schon alles für dieses und jenes Mitglied im Netzwerk getan hat und nach einer Weile zu sagen: *„Ich bekomme ja nichts zurück."* Manchmal kann es etwas länger dauern, bis unsere „Einlage" zurückkommt, was nachfolgende Geschichte zeigt.

Am 27. Mai 2007 berichtete der niederländische Botschafter Christiaan Kroner voller Stolz, wie viel sein Land nach der vom Hurrikan Katrina verursachten Katastrophe für die Bewohner von New Orleans geleistet hätte. Er erzählte, wie schnell und unbürokratisch humanitäre Hilfen und Ingenieure, aber auch Schiffe, Hubschrauber und Pumpen in die verwüsteten Regionen gesendet wurden. Aber nicht nur, dass die Niederlande spontan und großzügig unmittelbar nach der Heimsuchung zur Stelle waren, nein, Kroner versprach, dass die Niederlande auch langfristig helfen würden. Warum half ein Land, das über 7.700 Kilometer entfernt war, mehr und schneller als die Regierung der USA oder andere Bundesstaaten in den USA? Der Grund dafür liegt mehr als sechzig Jahre zurück. Am 31. Januar 1953 wurden die Niederlande von einer erbarmungslosen Sturmflut heimgesucht, die alles unter Wasser setzte, Deiche, Dämme und Gebäude wurden dabei dem Erdboden gleichgemacht. Es starben über 2.000 Menschen. Die holländischen Behörden baten die Stadt New Orleans um Hilfe und bekamen sie in Form von technischer Unterstützung. Mit diesem Beistand wurde mit dem Bau von Pumpsystemen begonnen, die die Niederlande bis heute vor ähnlichen Katastrophen schützten.

Ja, manchmal dauert es sechzig Jahre, bis etwas zurückkommt. Aus meiner Erfahrung kann ich sagen: Egal ob in Frauen-, Männer- oder gemischten Netzwerken, unser Einsatz kommt viel schneller zurück. Doch sich hinzustellen und zu sagen: *„Jetzt bin ich schon ein Jahr dabei und wo ist mein Nutzen?“*, funktioniert nicht. Es gibt Situationen, da kann die Bitte, die mit dem Geschenk verbunden ist, sofort geäußert werden und es gibt Situationen, in denen der Beschenkte erst ein oder zwei Jahre oder noch später, ein Geschenk zurückgeben kann.

Am besten funktioniert das Reziprozitätsgesetz aus meiner Sicht, wenn wir unser Geschenk ohne große

Hintergedanken übergeben, einfach nur deshalb, weil wir gerade etwas haben oder wissen, was für einen anderen nützlich ist. Von dieser Fülle gebe ich gerne ab, und meine größte Freude empfinde ich, weil sich der andere so freut. Ich vergleiche das mit der Tierhaltung durch meine Kinder in ihrer Jugend.

Als meine Kinder jünger waren, kam zwangsläufig die Zeit, in der jedes von ihnen ein Haustier wollte. Natürlich wollte jedes ein eigenes und ein anderes. Ein Hund für alle – das hatten sich meine Kinder anders vorgestellt. Der Hund war für Tom, Jenny wollte einen Hamster und Nick eine Schildkröte. Selbstverständlich versprachen mir alle drei, sich vierundzwanzig Stunden am Tag, sieben Tage die Woche aufopfernd um das jeweilige Tier zu kümmern. Dieses Versprechen bekam ich mit allen Eiden, schriftlich und mit sämtlichen vorauseilenden Konsequenzen, die mir die Kinder anboten, falls sie ihr Versprechen nicht einhalten sollten. Kinder eben. Die gute Nachricht: Der Wille dazu war sicherlich da. Aber es war ganz klar, egal ob ein Tier für alle oder für jeden ein eigenes Haustier, die Verantwortung würde letztendlich bei mir liegen. Also sollte ich den neuen Mitbewohner auch wollen. Wenn ich einen Hamster will, weil es unglaublich beruhigend ist, wenn er so in seinem Rad läuft oder weil er wirklich sehr zahm wird, dann macht es Sinn, dass Jenny ihren Hamster bekommt. Wenn ich Hamster nicht ausstehen kann, dann ist es keine gute Idee, einen anzuschaffen. Am Ende hatten wir zwei Hamster und mehrere Hasen, von Hund und Katze ganz zu schweigen. Wir hatten aber zum Beispiel nie einen Vogel, da habe ich schlechte Kindheitserinnerungen. Das heißt übrigens nicht, dass die Kinder sich im Rahmen ihrer Möglichkeiten nicht an ihre Versprechen halten mussten, es bedeutet aber, dass ich nicht total frustriert herumlief, weil ich wieder einmal ein verschmutztes Katzenklo im Badezimmer stehen hatte und außer mir alle über eine schwache Nase verfügten. Die Haustiere waren da, weil ich sie auch wollte, dass bedeutete keinen Frust und Ärger, weil Familienmitglieder nicht so funktionierten, wie ich mir das vorstellte, und damit eine ganz andere Lebensqualität.

Wenn ich mich heute in einem Netzwerk für eine Aufgabe einsetze, tue ich das mit dem Bewusstsein, dass ich das wollte, weil ich mich dafür entschieden habe. Falls dabei etwas zurückkommt, ist es sozusagen das Sahnehäubchen oben auf. Es macht nur Sinn, sich für etwas einzusetzen, wenn das Gelingen der Sache schon Belohnung genug ist.

Dasselbe gilt für Geschenke. Diese Erkenntnis habe ich vor einigen Jahren in einem Gespräch mit einem Betriebsleiter einer großen Bäckerei bekommen. Damals war ich als Trainerin engagiert. Unter anderem sollte ich bei den Bäckereiverkäuferinnen Loyalität zum Unternehmen und Ehrlichkeit trainieren. Gerade Letzteres war komplizierter, als es auf den ersten Blick schien. Am Ende eines Geschäftstags blieben immer wieder einzelne Backwaren übrig, die zum großen Teil nicht am nächsten Tag verkauft werden konnten, weil sie dann altbacken waren. Die Backwaren gingen zurück an die Zentrale und wurden entsorgt. Bäckereifachverkäuferinnen sind meistens Mütter und Familienoberhäupter, bei denen das Geld nicht locker sitzt und das Herz blutet, wenn die guten Backwaren vernichtet werden. Was ich sehr gut nachvollziehen konnte. Also erlaubte die Geschäftsführung dem Personal, die übrig gebliebenen Brötchen und Co. mit nach Hause zu nehmen. Das ging auch eine Zeit lang gut. Dann passierte etwas Erstaunliches, plötzlich blieben Sachen „übrig“, die noch nie übrig geblieben waren, zum Beispiel waren bestimmte Brotsorten, die sonst eher schon um 16.00 Uhr ausverkauft waren, plötzlich in passender Anzahl „übrig“. Des Rätsels Lösung: Der eine oder andere vom Personal legte sich das Gewünschte zurück. Das wiederum war nicht ganz im Sinne des Erfinders. Später einigte man sich darauf, dass das Personal die Backwaren immer mit 30% Rabatt kaufen konnte, ganztags. Für die Damen und Herren, die diese Entwicklung miterlebt hatten, war es nachvollziehbar, warum die Produkte abends wieder zur Vernichtung in die Zentrale gebracht wurden, nicht aber für die immer wieder neu dazukommenden Mitarbeiter. In einer flammenden Rede machte mir der Betriebsleiter klar, wie wichtig es ist, dass die Verkäuferinnen und Verkäufer verstanden, dass der Eigentümer einer Sache, mit dieser Sache machen kann, was er will. Er kann die Brötchen verkaufen, verschenken, vernichten – ganz wie es ihm beliebt. Und er muss dafür keine Rechenschaft ablegen. Seine Rede war vielleicht deshalb so flammend, weil er meine anfängliche Empörung über das „Vernichten" spürte. Aber seien wir ehrlich, wenn wir lange auf etwas gespart haben oder uns etwas ganz Besonderes gönnen, dann teilen wir es nicht gerne mit anderen. Ein nachvollziehbarer Egoismus. Dieser Egoismus steht jedem Eigentümer zu, egal um welches Eigentum es geht, er kann damit machen, was er will, also gilt dies auch für ein Unternehmen, das Brötchen herstellt. Übrigens trifft das genauso auf meine Kinder zu, wenn ich ihnen als Mutter Geld oder etwas anderes schenke oder auf meinen Partner, der zum Beispiel eine Schachtel Pralinen von mir als Geschenk bekommt und diese dann an seine Schwester weiterverschenkt. Die Pralinen sind jetzt sein Eigentum, er kann das jederzeit tun. Das gilt für alle Geschenke, die Sie jemandem überreichen, ob es sich dabei um ein orangefarbenes Gimmick für die Kollegin handelt, einen Blumenstrauß für die Nachbarin oder einen Fachartikel für den Netzwerkpartner.

Sogar die Frankfurter Rundschau[9] schreibt dazu: *„Menschen kooperieren erstaunlich oft, ohne direkte Kooperationsgewinne zu realisieren. Über die Zeit erwar-*

ten sie allerdings, dass ihre Kooperation durch kooperatives Verhalten der anderen erwidert wird. Stellt sich dies nicht ein, wirkt Reziprozität auch in die andere Richtung, sie erzeugt dann ein Milieu unkooperativen Verhaltens."

Was dann entsteht, ist die negative Reziprozität. Experimente haben ergeben, dass Menschen unfaires oder unkooperatives Verhalten bestrafen. Und das Interessante dabei: Sie tun dies sogar, wenn es für sie mit Kosten oder Nachteilen verbunden ist. Der Egoismus wird zurückgestellt, wenn es um die Gerechtigkeit der Handlungen geht: „Wie du mir, so ich dir", jetzt mit negativem Vorzeichen.

Beispiele für negative Reziprozität bieten die Buchhaltungsabteilungen. Wer tagelang als Coach und stiller Beobachter in der Buchhaltung diverser Unternehmen sitzt, hört und erlebt sehr viel zum Thema Zahlungsmoral. Da gibt es zum einen jene, die wirklich einen Liquiditätsengpass haben. Wenn zum Beispiel nur 1.000 Euro zur Verfügung stehen, aber zwei Rechnungen à 1.000 Euro zu zahlen sind, erhält der Gläubiger den Vorzug, der immer so nett oder hilfsbereit ist oder eine Extrameile für seinen Kunden läuft. Dabei kann es zu zwei Ausnahmen kommen. Die eine, häufigere Ausnahme ist, wenn der Lieferant die Lieferung einzustellen droht und das Schuldnerunternehmen ein Problem mit der Produktion oder Ähnlichem bekäme und eine andere, seltenere Ausnahme ist, wenn ein Gläubiger so extrem lästig wird, dass er die Abläufe im Unternehmen oder in der Buchhaltung massiv stört bzw. enorm nervt.

Wenn aber die zwei Rechnungen à 1.000 Euro problemlos bezahlt werden können, kommt es trotzdem vor, dass es die Anweisung gibt: *„Lass' sie mal liegen, der hat zu spät geliefert/nie zurückgerufen/uns nicht die ganze Wahrheit zum Aspekt X erzählt"*, um nur einige Gründe zu nennen.

Schattenspringer verschenken ein Geschenk immer mit dem Gedanken des vollkommenen Loslassens und erwarten nicht automatisch eine Rückgabe in Form eines Gefallens, eines Auftrages oder ähnlich Wertvollem. Im Rahmen der Reziprozität kommt es sowieso wieder zu Ihnen zurück, manchmal auch durch eine vollkommen andere Person. Außerdem macht es Ihr Leben leichter und bewahrt Sie vor allerlei Enttäuschungen.

Die Rache des hilflosen Kunden

Viele Kunden können sich gegen ihren Lieferanten oft nur mit schlechter Zahlungsmoral wehren. Diese bezeichne ich als „Rache des hilflosen Kunden". Eine schlechte Zahlungsmoral kann auch als Schuss vor den Bug gewertet werden, der nächste Schritt wäre das Beenden der Lieferantenbeziehung, wenn es dem Kunden möglich ist.

Aber nicht nur im Businessalltag findet diese Form der negativen Reziprozität statt, sondern auch im Privatleben.

Kennen Sie aus Ihrem Freundeskreis ein Paar mit einer ähnlichen Geschichte? Eines Tages steht der Mann dieses Pärchens vor Ihrer Tür und stammelt: *„Sie ist weg. Hat einfach ihre Koffer gepackt und die Tür hinter sich zugemacht."* Wenn Sie ihn dann fragen, was denn passiert sei, antwortet er entweder mit: *„Gar nichts, alles war wie immer"*, oder: *„Wir hatten einen kleinen Streit, nichts Wichtiges – Alltagskram. Kein Grund, die Koffer zu packen."* In solchen Fällen handelt es sich nicht um die „Rache des hilflosen Kunden", sondern um das „Rabattmarkenheft". Es wird tendenziell eher von Frauen geklebt, aber nicht ausschließlich. Und das geht so: Irgendwo im Kopf der Frau oder des Mannes gibt es eine Schublade und dort liegt ein Heftchen. Die Seiten sind voller kleiner Quadrate und jedes Mal, wenn sich die Besitzerin oder der Besitzer des Heftchens über den

Partner ärgert, klebt sie oder er eine imaginäre Rabattmarke in eines der quadratischen Felder. Das Problem dabei ist: Der jeweilige Partner bekommt nichts mit und eines Tages ist das Heftchen voll und die Koffer werden gepackt. In der heutigen Zeit folgt dann nur eine kurze SMS als letzter Gruß.

Vielleicht besitzen Sie auch ein Rabattmarkenheft. Dabei stellt sich die Frage, worin liegt der Sinn dieses Heftchens? Denn niemand kann etwas verändern, wenn sie oder er nicht weiß, dass etwas im Argen liegt. Im Gegenteil, je länger ein Verhalten, das Ihnen nicht gefällt, von Ihnen nicht angesprochen wird, desto mehr wird es zur Gewohnheit für die betreffende Person. Diese Person, die ja von Ihren Rabattmarken nichts weiß, geht zu Recht davon aus, dass ihr Verhalten akzeptiert oder besser noch, vollkommen in Ordnung ist. Es entsteht so etwas wie Gewohnheitsrecht. Schattenspringer packen das Übel an der Wurzel oder anders ausgedrückt, sprechen eine Situation, die ihnen nicht gefällt, so früh wie möglich an. Die Form der Ansprache ist in einem frühen Stadium sicherlich noch neutraler, als wenn Sie bereits kurz vor der Explosion stehen. Dann schleichen sich auch die kleinen Wörter wie „immer“ oder „nie“ ein, welche eher weniger zur positiven Klärung einer Situation beitragen.

Sicherlich kennen Sie die vielen humorvollen Geschichten über die Lieblingsspeise eines Partners, nur weil sie oder er in der ersten Verliebtheitsphase es nicht über das Herz brachte, zu sagen: *„Schweinebraten hasse ich wie die Pest.“* Alles, um den Partner, der mit viel Liebe gekocht hatte, zu diesem Zeitpunkt nicht vor den Kopf zu stoßen. Wenn man dann nach drei oder vier Jahren hört, dass das „Lieblingsessen“ nie geschmeckt hat, kann man sich als Koch zu Recht auf den Arm genommen fühlen. Dagegen würden offene und wertschätzende Worte, die die Situation gleich von Anfang an richtigstellen, mit eben dieser Offenheit auch vom Partner entsprechend positiv gewertet werden. Das gilt nicht nur bei privaten Partnerschaften, sondern ebenso im Geschäftsleben.

Eines ist sicher, genauso wie Sie von Ihrem Nachbarn Aufmerksamkeit erhalten, wenn Sie ihm geholfen haben (positive Reziprozität), rächt sich Ihr Partner im Privat- wie auch im Geschäftsleben, wenn er unzufrieden ist (negative Reziprozität). Die Wissenschaft und meine Erfahrung zeigen eindeutig: Menschen verhalten sich reziprok. Ob positiv oder negativ, da haben Sie als Schattenspringerin oder Schattenspringer mehr Einfluss, als Ihnen oft bewusst ist. Nutzen Sie ihn!

TEIL II

Die Gedanken der Schattenspringer

9. Anstoß: Sag' mir, wen du kennst und ich sag' dir, wer du bist

Ich spiele Golf, gerne sogar. Mein Handicap? -45. Für alle Nichtgolfer, das ist eher bescheiden. Anfänger starten mit -54. Sie sehen, so viel hat sich da noch nicht getan, besonders wenn man bedenkt, dass die besten Amateurspieler +5 haben. Es ist noch ein weiter Weg. Doch mein Punkteehrgeiz ist gar nicht so groß, eher die Freude am Spielen. Vor zwei Jahren war ich mit Oliver in Amerika in der Nähe von Chicago auf einem Golfplatz und wir wurden zwei Amerikanern zu einem Flight zugeteilt. (Für die Nichtgolfer, wenn möglich geht man immer mit vier Personen in einem Flight – also in einer Gruppe, weniger geht auch, mehr ist nicht möglich.) Es stellte sich heraus, dass diese beiden Golfer semiprofessionelle Spieler waren, also im Verhältnis zu mir, ungefähr so wie die Hohe Acht (746,9 m, Berg in der Eifel) gegenüber der Zugspitze (2.962 m). Entsprechend nervös war ich. Erschwerend kam hinzu, dass zuerst die drei Männer vom Herrenabschlag spielten und ich anschließend „allein" vom Frauenabschlag, wobei mir natürlich alle drei zusahen. Es war gruselig. Ein anderes Wort gibt es für meine Abschläge nicht. Nun, Oliver ist immer recht nett, wenn ich mal danebenschlage, aber nichts gegen diese beiden Amerikaner. Anstatt bedeutsame Blicke zu wechseln, die Augenbrauen nach oben zu ziehen oder zweideutige Kommentare zu machen, ermunterten sie mich mit viel Lob und netten Tipps. Sie spendeten Trost und waren vollkommen locker und nett. Glauben Sie mir, liebe Leserinnen und Leser und Nicht-Golfspieler, es macht für Profis nicht wirklich Spaß, mit einem schlechten Spieler über den Platz zu laufen, es dauert auch schrecklich lange. Das Spiel zieht sich wie Kaugummi an Schuhsohlen. Nach drei gestrichenen Löchern fing ich an, mich zu beruhigen, nach fünf Löchern traf ich tatsächlich mal wieder den Ball und ab dem sechsten Loch fing ich an, Punkte zu machen, also weniger Schläge zu brauchen, als mit meinem Handicap an dem jeweiligen Loch erlaubt gewesen wären. Am Ende des Spiels hatte ich mehr Punkte als jemals zuvor. Der Grund dafür war, dass die beiden Spieler als super Vorbilder die besten Schläge vormachten und dabei aber locker, freundlich, motivierend und ansteckend lustig waren. Gerade im Golfspiel mache ich immer wieder die Erfahrung, dass ich viel besser spiele, wenn ich mit guten Spielern im Flight bin. Wenn ich dagegen mit schwachen oder sogar noch schwächeren Spielern, als ich es selbst bin, spiele, erziele ich auch sehr schlechte Ergebnisse.

Genauso wie bei meinem Golfspiel haben die Menschen, die uns im Leben begleiten, Einfluss auf unseren Weg, auf unseren Erfolg, auf unser Wohlbefinden und unsere Art und Weise, wie wir Aufgaben angehen. Sie beeinflussen, ob wir diszipliniert oder eher nachlässig dabei sind, ob wir motiviert, von innen heraus brennend vorgehen oder mehr die Verantwortung bei den anderen suchen, ob unser Augenmerk auf dem 12-Stundentag liegt oder wir „9 to 5" denken, ob wir etwas riskieren und flexibel sind oder lieber vorsichtig und auf klar ausgetretenen Pfaden agieren, ob wir das Glas eher halb voll oder eher halb leer sehen. Das Wichtigste vorab: Es geht nicht darum, welches von den oben genannten das Bessere oder gar Alleinseligmachende ist, es geht auch nicht darum, was richtig oder falsch ist oder zu definieren, was fleißig oder faul ist. Es geht vielmehr darum, dass unsere Umwelt starken Einfluss auf uns hat.

Schauen Sie sich folgendes Beispiel an: Angenommen, Sie machen gerne Sport, also nicht, um an den nächsten olympischen Spielen teilzunehmen, sondern um fit zu bleiben, als gesunden Ausgleich. Und angenommen, es gibt einen inneren Schweinehund, der durchaus Einfluss auf Sie hat, den Sie also überwinden müssen, um regelmäßig Ihr Sportprogramm auszuüben, dann wird Ihnen das nachweislich leichter fallen, wenn Sie entweder allein leben oder mit jemandem, der dieselbe oder eine ähnliche Einstellung zum Sport hat. Leben Sie aber mit einer netten und liebenswürdigen Couch-Potato zusammen, wird Ihr Pensum unmerklich, aber stetig weniger werden, trotzdem Sie eigentlich gerne Sport machen und auch dessen Sinn vollständig verstanden sowie die Notwenigkeit der Regelmäßigkeit klar erkannt haben und jederzeit unterstreichen würden. Viele Menschen können sich oft überhaupt nicht erklären, wann ihnen ein liebgewonnenes Hobby abhandenkam. Es fällt ihnen meistens nach der Phase der Verliebtheit auf. Das ist bei den einen nach circa drei Monaten und bei den anderen einige Jahre später. Eine Studie ergab, dass die durchschnittliche Dauer des Verliebtseins etwa 36 Monate beträgt. Das ist eine lange Zeit. Das bedeutet, wenn Ihr Partner nicht gerne Sport macht und Sie regelmäßig gegen Ihren inneren Schweinehund ankämpfen, dass Sie jetzt gegen zwei innere Schweinehunde kämpfen. Das ist nicht einfach. Übrigens, andersherum geht es auch: vom Couch-Potato zum Marathonläufer. Auch hier geht es mir wieder nicht darum, was besser ist. Sport kann ungesund sein.

Alles dreht sich einzig und allein darum, dass Sie Bewusstsein für Ihr Umfeld gewinnen, und am Sport und an der Couch-Potato ist das sehr leicht darzustellen. Nehmen wir einmal an, Sie haben ein größeres Ziel. Das könnte eine Beförderung in Ihrem Unternehmen sein oder sogar die Selbstständigkeit. Oder Sie sind Single und möchten eine Familie gründen beziehungsweise auch umgekehrt, das gibt es auch. Vielleicht haben Sie tatsächlich ein sportliches Ziel, zum Beispiel einen Marathon zu laufen oder den Kilimandscharo (5.895 m) in Afrika zu besteigen, was man übrigens auch mit 60+ noch gut kann, sagt Hubert Schwarz, Extremsportler und ein Mann mit ungebrochener Motivationskraft und Abenteuerlust. Es kann auch sein, dass Sie von 24/7 auf 8/5 pro Woche umsteigen und Ihrem Leben einen anderen Sinn oder andere Werte geben. Mit wem sollten Sie in Zukunft Ihre Zeit überwiegend verbringen?

Nehmen Sie ein Blatt Papier und notieren Sie die Menschen, mit denen Sie zum Großteil Ihren Tag und/oder Ihre Woche verbringen. Hinter diese Namensliste machen Sie zwei Spalten, in die erste schreiben Sie die Prozentzahl, die den Anteil der Zeit, die Sie mit dieser Person verbringen, auf den Tag oder die Woche gesehen, beschreibt. Der Tag oder die Woche stehen für einhundert Prozent. Wenn die Personen pro Tag gegenüber der Woche nicht stark differieren, reicht der Tag als Grundlage, wenn es starke Unterschiede bei den einzelnen Tagen gibt, nehmen Sie die Wochenzeit. Die zweite Spalte heben wir uns für später auf.

So, nun nehmen Sie ein zweites Blatt Papier. In die Mitte malen Sie sich als Strichmännchen, aber hübsch bitte. Ganz oben schreiben Sie als Überschrift Ihr Ziel. Nun verteilen Sie die Personen der Namensliste um Sie herum, entweder auch als Strichmännchen oder einfach nur als ovale Namensschilder. Die Verteilung erfolgt nach folgenden Kriterien: Die Namen der Menschen, die Sie daran hindern, das „große“ Ziel zu erreichen, zeichnen/schreiben Sie unterhalb Ihrer Person. Die Menschen, die eher einen neutralen Einfluss auf Ihr Ziel haben, kommen ungefähr auf die Höhe der unteren Hälfte Ihrer Figur. Die Personen, die einen positiven Einfluss auf die Erreichung Ihres Ziels haben, die Sie also als Unterstützer sehen, kommen auf die obere Hälfte Ihres Strichmännchens. So, und oberhalb Ihres Stellvertreters schreiben/zeichnen Sie die Menschen, die bereits dort sind, wo Sie durch Erreichen Ihres Zieles hinwollen, also jene, die schon einmal auf dem Kilimandscharo oder einem ähnlich anspruchsvollen Berg waren oder die Menschen, die bereits seit einigen Jahren in einer harmonischen Partnerschaft mit ein oder zwei Kindern leben, je nachdem, wie viele auf Ihrem Plan stehen. Oder, oder …

Schauen Sie sich Ihr Bild an. Wo sind die meisten Menschen, die Ihren Alltag beeinflussen? Wo sind die Kollegen und Familienangehörigen, dazu zählen Eltern, Lebenspartner und Kinder sowie Freunde und Nachbarn und auch Bekannte. Wie viele Namensschilder sind unter Ihrem Strichmännchen, also die, die Sie eher von Ihrem Ziel abhalten oder abhalten wollen? Wo haben Sie enge Familienangehörige platziert? In den meisten Fällen sehe ich sie eher im neutralen Bereich (untere Hälfte Ihres Strichmännchens). Stimmt das? Sind die da richtig? Oft sind die Verwandten, die sich wirklich um uns kümmern, Eltern oder Geschwister, auch diejenigen, die uns von unseren Zielen ganz subtil abhalten, und zwar nach bestem Wissen und Gewissen. Weshalb? Menschen, die uns lieben, wollen uns unterstützen und begleiten, wenn wir uns aber in Zielgebiete vorwagen, in die sie uns aufgrund mangelnder Erfahrung nicht folgen, geschweige denn mit Rat zur Seite stehen können, raten sie uns ab. Früher fielen dann Sprüche wie: „Schuster, bleib bei deinen Leisten.“ Heute kommen eher folgende Sätze: *„Du kennst doch die Susi von unserer ehemaligen Nachbarin, die hat sich auch selbstständig gemacht und ist böse auf die Nase gefallen. Sie war ganz fleißig, aber …“* oder *„Mach das jetzt nicht, die Zinsen sind gerade zu hoch.“* Hören Sie ebenfalls ähnliche Ratschläge von nahestehenden Menschen? Wenn ja, stehen deren Namen dann immer noch auf dem richtigen Platz? Oder rutschen sie jetzt etwas weiter nach unten in Ihrem Grafikbild?

Betrachten Sie jetzt nochmals genau jeden Namen auf Ihrer Zeichnung mit Ihrem Stellvertreter und werfen wieder einen Blick auf die Liste mit den Namen, jetzt kommt die zweite Spalte. Von 100% Einfluss, die jemand auf Sie haben kann, wie viel Prozent Einfluss haben die jeweiligen Personen auf Ihrer Namensliste? Das bedeutet, eine Person, mit der Sie 5% Ihrer Zeit in der Woche verbringen, kann nur 1 oder 2% Einfluss auf Sie haben oder aber 31%. Der Einfluss ist nicht abhängig von der Quantität der gemeinsam verbrachten Zeit, jedenfalls nicht zwangsläufig. Die fünf Personen, die den höchsten Einfluss auf Sie haben, bekommen auf Ihrer Skizze nun ein farbiges Namensschild. Wo stehen die Namen? Unten, in der Mitte oder oben?

Wer steht über Ihnen?

Welche Namen stehen oberhalb Ihres Strichmännchens? Stehen dort bereits Namen? Nochmals zur Erinnerung: Oberhalb Ihres Namens sollten die Menschen stehen, die bereits dort sind, wo Sie laut Ihrer Zielformulierung einmal hinmöchten. Wenn dort schon ein oder zwei Namen stehen, wie viel Zeit verbringen Sie mit diesen Personen und welchen Grad des Einflusses haben diese Personen? Wie können Sie die gemeinsame Zeit in der Quantität und/oder Qualität verbessern? Weiß die Person, dass sie ein Vorbild für Sie ist? Haben Sie sich bereits bezüglich einer Art Mentor-/Mentee-Beziehung ausgetauscht? Anders ausgedrückt, fragen Sie diesen Menschen doch einmal, ob er oder sie Lust hätte, Ihr Mentor zu werden. Viele erfolgreiche Menschen haben auf diese Art einen wichtigen Berater bekommen. Überlegen Sie außerdem, was Sie für diesen Mentor tun könnten. (Siehe Kapitel 9.) Manche Mentoren freuen sich darüber, dass sie als Mentor gesehen und gefragt wurden. Sie sehen ihren persönlichen Lohn darin, ihren Mentee beim tatkräftigen Einsatz und beim Wachsen zuzusehen. Ein offenes Gespräch hilft herauszufinden, was die gegenseitigen Erwartungen sind. In vielen Netzwerken, ob in Frauen- oder Männernetzwerken oder geschlechtsunabhängigen, gibt es offizielle Mentoren-Programme. Wen kennen Sie, der in solch einem Netzwerk ist? Oder, wen kennen Sie, der jemanden kennt …? Na, Sie wissen schon.

Was können Sie tun, wenn in der oberen Hälfte Ihres Blatts noch kein Name von einer Person steht, die schon da ist, wo Sie hinwollen? Es gibt eine Möglichkeit, wie Sie strukturiert und geplant eine Gruppe von Menschen zusammenbringen können, in der gemeinsame und individuelle herausfordernde Ziele erreicht werden.

Gründen Sie eine Mastermind-Gruppe

Was ist eine Mastermind-Gruppe? Sie geht zurück auf Napoleon Hill. Der US-amerikanische Schriftsteller schrieb über die Mastermind-Gruppe Folgendes: „… *dass ein Mastermind die Koordination von Wissen und Engagement von zwei oder mehr Menschen ist, die in Harmonie gemeinsam auf ein Ziel hinarbeiten …*" Weiter fährt er fort, dass „*niemals zwei Geister (Köpfe) zusammenkommen, ohne dass eine dritte, unsichtbare Kraft entsteht, die wie ein dritter Geist (Kopf) wirkt.*" Napoleon Hills Mastermind-Gruppe bestand aus Andrew Carnegie, John D. Rockefeller, Alexander Graham Bell, Thomas A. Edison, Wilbert Wright, Henry Ford. In dieser Runde wäre ich gerne mal Mäuschen gewesen.

Wie Sie eine Mastermind-Gruppe gründen können, ist rasch erklärt. Der erste Schritt ist, dass Sie sich ein Ziel überlegen, welches Sie in einem längeren Zeitraum erreichen möchten, in einem, zwei, drei oder mehr Jahren. Dann überlegen Sie, wen Sie kennen, von dem Sie glauben oder wissen, dass sie oder er ebenfalls „große“ Ziele für die Zukunft hat. Sprechen Sie diese Person an und stellen Sie ihr das Modell Mastermind-Gruppe vor. Klären Sie, ob Ihr Gesprächspartner mit Ihnen und weiteren, bis zu insgesamt maximal sechs Personen, eine Mastermind-Gruppe gründen möchte. Eine Mastermind-Gruppe, wie ich sie verstehe, besteht aus wenigstens drei bis maximal sechs Personen. Angenommen, Ihr Gesprächspartner sagt ja, dann machen Sie sich Gedanken, wen Sie als weitere Mitglieder ansprechen sollen. Es ist ein Vorteil, wenn jeder von Ihnen zwei geeignete Personen anspricht, die der andere nicht notwendigerweise kennen muss. Fragen Sie sich, wen Sie kennen, der bereits da ist, wo Sie beide mit Ihrer jeweiligen Zielplanung hinkommen wollen. Die beiden anderen Mitglieder Ihrer Mastermind-Gruppe können Personen mit Stärken sein, die genau in Bereichen liegen, in denen Sie weniger stark sind. Angenommen, Sie sind eine sehr zahlen-, daten- und faktenorientierte Persönlichkeit, dann wäre ein sehr kreativer Mensch ein guter Gegenpart. Oder Sie wählen einen Partner mit einem großen Netzwerk oder einem speziellen Kenntnisstand zum Beispiel im Marketing oder mit hohem Organisationstalent, nur um zwei Beispiele zu nennen.

Bevor Sie zukünftige Mitglieder ansprechen, sollten Sie sich überlegen, was Sie beide bieten können, damit jeder in der Gruppe weiß, dass er sowohl gibt als auch Nutznießer ist.

Sobald Sie „Ihre“ Mitglieder grundsätzlich gefunden haben, treffen Sie sich zum ersten Mal. In dieser ersten Runde stellen Sie sich untereinander vor, soweit Sie sich nicht alle persönlich kennen, was von Vorteil wäre. Des Weiteren vereinbaren Sie eine gemeinsame Probezeit von circa drei Treffen, danach sollten Sie sich für mindestens ein Jahr committen. Selbstverständlich herrscht absolute Schweigepflicht über den Inhalt der Aussagen und Erzählungen der Einzelnen.

Meiner Erfahrung nach sind Treffen, die regelmäßig alle vier Wochen und persönlich stattfinden, sehr sinnvoll und effizient. Es gibt aber auch Mastermind-Gruppen, die nur telefonisch zusammenkommen oder in längeren oder kürzeren Abständen. Dies ist stark abhängig von den Zielen.

Der Ablauf ist immer der gleiche. Nachdem festgelegt wurde, wie viel Zeit insgesamt zur Verfügung steht, bekommt jedes Mitglied sein Zeitkontingent. Circa 15% erzählt der Einzelne „new and good", also was sich seit dem letzten Treffen an Neuem und Wichtigem ergeben hat, ob die Hausaufgaben erledigt wurden und was jeder ansonsten noch beitragen möchte, das die Gruppe interessiert und positive Stimmung verbreitet. Die nächsten 75% der Zeit wird ein Problem oder eine Herausforderung oder ein großer Schritt in Richtung Ziel vorgestellt. Danach wird die Gruppe um Unterstützung gebeten. Diese Unterstützung kann vielfältig sein. Zum einen kennt vielleicht einer der Anwesenden jemanden, der bei diesem Problem nützlich sein könnte, jemand hat eventuell bereits eigene Erfahrungen mit dieser Art von Herausforderung und erzählt von seinem Lösungsweg. Zum anderen kommt man durch das gemeinsame Diskutieren auf Lösungsansätze oder einer ist Spezialist genau auf diesem Gebiet und bietet sein Wissen an. Alles, was dem Fragenden nützen könnte, wird angeboten. Dabei ist es sinnvoll, bekannte Kommunikationsregeln einzuhalten und natürlich immer mit dem um Unterstützung Bittenden wertschätzend umzugehen.

In den letzten 10% der Zeit wird ein Etappenziel bis zum nächsten Treffen benannt und unter Umständen die dazugehörige Hausaufgabe, die vom Protokollführer notiert wird, damit die einzelnen Etappenschritte auch mess- und kontrollierbar festgehalten werden.

Danach ist der Nächste dran. Es gibt viele mögliche Varianten, wie ein Mastermind-Treffen ablaufen kann und jede Gruppe sucht die für sie passenden. Über das Thema finden Sie eine große Menge an Informationen im Internet, lesen Sie sich ruhig noch tiefer ein, bevor Sie eine Gruppe gründen. Es gibt noch einige Punkte, die ich persönlich wichtig finde und Ihnen gerne mitgebe.

Normalerweise verfolgt jedes einzelne Mitglied sein persönliches Ziel, welches vollkommen unabhängig von den Zielen der anderen Mitglieder ist. Es existieren aber auch Mastermind-Gruppen, bei denen jeder Einzelne ein Ziel verfolgt, welches mit den Zielen der anderen identisch ist. Zum Beispiel hatte ich einmal eine Mastermind-Gruppe, in der jedes Mitglied sein eigenes Buch schreiben wollte. Wir waren circa drei Jahre zusammen. Einige haben tatsächlich ihr Buch geschrieben oder waren Mitautoren bei anderen Büchern. Auch mein erstes Buch ist letztendlich daraus entstanden. Das jeweilige Ziel muss aber nicht immer im Businesskontext stehen. Zum Beispiel könnte man eine Mastermind-Gruppe zusammenstellen, um eine Familie zu gründen, jeder seine eigene. Von der aktiven Partnersuche über die Hochzeit bis hin zu der Herausforderung, die Familie mit Kind und die Karriere unter einen Hut zu bringen, ist das ein spannendes Ziel, bei dem man unter Umständen nicht genug Hilfe bekommen kann.

Mastermind-Gruppen können sogar länderübergreifend sein, dann finden sie zwar meist über Skype oder Telefon statt, es ist jedoch durchaus sinnvoll, hier weit zu denken.

Wichtig ist, dass Mastermind-Gruppen keine Therapiegruppen sind. Menschen mit ernsthaften seelischen Problemen brauchen Spezialisten und die finden sie nicht in der Mastermind-Gruppe. Jeder hat mal einen Tiefpunkt oder auch Rückschläge zu verkraften, nach einiger Zeit sollte jedoch eine deutliche Besserung der Stimmung sichtbar werden.

Selbstverständlich ist der allerwichtigste Punkt der wertschätzende Umgang miteinander. In meiner Mastermind-Gruppe gibt es die Regel, dass zwei nicht über einen Dritten aus der Gruppe sprechen, außer er ist anwesend. Sodass nie einer das Gefühl hat, die anderen würden schlecht oder abschätzig über ihn sprechen, wenn er die Gruppe verlässt, weil er einmal früher gehen muss. Apropos früher gehen, im Grunde genommen hat sich jedes Mitglied verpflichtet, bei allen Terminen vom Anfang bis zum Ende dabei zu sein. Das wird nie zu 100% klappen, aber bei unter 80% darf die Person von den anderen gerne einmal auf ihr Commitment angesprochen werden. Es macht einfach nur Sinn, wenn alle mit gleichem Elan und Einsatz dabei sind. Ich habe schon viele tolle Ziele mit meiner Mastermind-Gruppe erreicht und auch die Mitglieder meiner Mastermind-Gruppe haben bereits große Schritte zurückgelegt, zum Beispiel den Tagessatz von 2.000 auf 4.500 Euro gesteigert oder das Besteigen des Kilimandscharos oder in einem ganz besonderen Fall, das Ziel, die Auswanderung nach Australien umzusetzen. Napoleon Hill meinte: *„In einer Gruppe ergibt sich eine Synergie aus Energie, Verpflichtung und Begeisterung“*, und damit lässt sich viel bewegen und schaffen.

Mit den falschen Menschen im Boot

Kommen wir nochmals auf Ihre Grafik zurück. Was ist, wenn Sie feststellen, dass Sie den größten Teil Ihrer Zeit mit Menschen verbringen, die eher unterhalb Ihres Strichmännchens angesiedelt sind? Das sind Personen, die Sie, wie auch immer und warum auch immer, von Ihren persönlichen Zielen abhalten, vielleicht sogar, indem Sie Ihnen große Steine in den Weg legen.

Das ist eine sehr schwierige Situation. Ich erzähle Ihnen gerne, wie ich sie für mich gelöst habe: Nehmen wir zum Beispiel meine Kinder, die mich ganz sicherlich nicht bewusst von meinen Zielen abgehalten haben. Doch für Kinder braucht man Zeit, Energie und auch Geld. Das können die drei wichtigsten Zutaten sein, die Sie für Ihre Pläne brauchen. Ich habe mir zum Beispiel die Frage gestellt: Bin ich Mutter und berufstätig oder berufstätig und Mutter? Persönlich habe ich mich für „berufstätig und Mutter" entschieden. Das bedeutet, 51% meiner Zeit gehörten meiner Karriere und 49% meinen Kindern. Das war meine Entscheidung, das heißt nicht, dass sie richtig oder falsch war, sie war nur klar. Ausnahmen waren Krisensituationen und ernsthafte Krankheiten der Kinder, von denen wir einige hatten. Näheres lesen Sie dazu in Kapitel 13. Eines aber kann ich ganz sicher sagen: Ohne meine Kinder wäre ich in meinem Leben nie so weit gekommen. Kinder halten einen auf Linie. Kinder sind die tägliche Belohnung, egal wie viel Zeit, Energie und Geld sie kosten. Aber das gilt in erster Linie für mich. Jeder kann, darf und soll das anders sehen, wenn es für ihn anders ist.

Wie ist es nun mit Verwandten oder auch Freunden, die einen durch ihre Liebe und Sorge vom Ziel abhalten? Das ist zum Beispiel eine Tante, die mir immer wieder erzählt, welchen Gefahren ich durch meine Pläne ausgesetzt bin. Ich kann mir für den Besuch bei dieser lieben, aber ängstlichen Tante ein Programm überlegen, das unabhängig von meinen Plänen ist. Sodass mein Alltag nicht Gesprächsgegenstand bei diesem Besuch ist. Grundsätzlich gehöre ich zu den Personen, die über ihre Träume und Ziele schon erzählen, bevor sie verwirklicht sind. Manche meinen ja, dass man erst darüber sprechen soll, wenn man bereits auf der Zielgeraden einläuft. Ich persönlich weihe ausgewählte Personen gerne vorher ein, das verpflichtet mich mehr. Ich muss es aber nicht jedem erzählen und so erfährt es Tantchen eben erst, wenn ich schon angekommen bin. Dann haben ihre Bedenken keinen Einfluss mehr auf mich. Auch habe ich mit den Jahren gelernt, klare Grenzen zu setzen, indem ich bestimme, wer sich zu welchem meiner Schritte ein Urteil erlauben darf und wer nicht. Grundsätzlich darf mal jeder, ich will es aber nicht von jedem hören und das darf ich sagen. Klar gibt es dann mitunter schon mal beleidigte Gesichter und der Besuch wird hastig abgebrochen, wenn die Beziehung ansonsten aber in Ordnung ist, beruhigt sich der oder die „Besserwisser/in" schon wieder. Sie können sich vielleicht nicht von allen Verwandten und Bekannten trennen, das wäre auch in manchen Fällen schade, aber Sie können und dürfen sich schützen.

Schwieriger wird es, wenn es Ihr direkter Lebenspartner ist, der Sie bremst, ja vielleicht sogar herunterzieht oder verhindert, dass Sie Ihre Ziele erreichen. Das, lieber Schattenspringer, ist nicht so einfach.

Der Vater zweier meiner Kinder war nicht nur ein liebenswerter Mensch, den ich sehr gern hatte, er war auch mein bester Freund und ein Mensch, der etwas zu gut für diese Welt war. Er war sehr sensibel und dünnhäutig und konnte für sich keine Grenzen setzen. Und er war Alkoholiker, vielleicht kann man auch sagen, deshalb Alkoholiker. Er war nie aggressiv, kriminell oder faul. Im Gegenteil, wenn er zu viel getrunken hatte, was eher abends als tagsüber vorkam, schlief er einfach ein. Am nächsten Tag stand er wieder auf und ging fleißig in die Arbeit. Er war sechzehn Jahre älter als ich und es hat sehr lange gedauert, bis ich verstanden habe, dass sein Alkoholkonsum weniger mit Genuss, sondern mehr mit Flucht zu tun hatte. Da ich in meiner Kindheit schlimme Erfahrungen mit alkoholabhängigen Menschen gemacht hatte, glaubte ich, ein klares Bild davon zu haben, wie ein Alkoholiker zu sein hatte, und er war eben genau das

Gegenteil, deshalb auch meine späte Erkenntnis. Doch eines Tages konnte ich meine Augen vor dieser Tatsache nicht mehr verschließen. Und das war ein ziemliches Problem, solange man etwas nicht sieht, entweder weil man wirklich blind ist oder blind sein möchte, arrangiert man sich mit den Umständen. Doch wenn man plötzlich den Tatsachen ins Auge sieht, hat das Konsequenzen. Die Konsequenzen können sein, dass ich nichts ändere, das heißt aber, ich akzeptiere die Situation und gebe die Zustimmung, dass alles, was jetzt passiert, für mich in Ordnung ist. Oder ich ändere etwas, dann zeige ich deutlich, ich akzeptiere die Situation nicht und die Konsequenz ist Trennung. Nun finde ich es tausendmal leichter, einen „bösen" Mann zu verlassen, als einen „lieben". Warum sollte ich ihn eigentlich verlassen? Er arbeitet, er ist immer nett zu mir, er streitet sich nie und wenn ich gehe, stehe ich, 25-jährig und mit zwei kleinen Kindern von drei und einem Jahr, allein da. Warum sollte ich überhaupt gehen? Weil ich weiß, dass ich anders nie meine Ziele und Pläne umsetzen kann? Weil ich mehr will, was immer „mehr" auch ist. Darf man das? Ja, man darf! Vielleicht muss man sogar. Ich musste jedenfalls. Im ersten Jahr wollte ich die Trennung jeden Tag rückgängig machen. Im zweiten Jahr spürte ich die Erleichterung, nur noch für mich und die Kinder verantwortlich zu sein und ab dem dritten Jahr waren wir richtig gute Freunde, bis er dann gestorben ist.

Bis ich meine „großen" Pläne umsetzen konnte, sind noch viele, viele Jahre vergangen, aber ich weiß, dass die Trennung eine wichtige Voraussetzung dafür war.

Ich möchte in diesem Buch niemandem raten, sich von seinem Lebenspartner oder seiner Lebenspartnerin zu trennen, aber ich möchte jedem die Erlaubnis dazu geben, darüber nachzudenken. Sie haben ein Recht auf Ihr Leben und die Erfüllung Ihrer Träume und Ziele. Und die Menschen in Ihrer Nähe, besonders ein Lebenspartner, haben viel Einfluss auf das Gelingen dieser Pläne, im Positiven wie im Negativen.

Weiter vorn im Buch habe ich Ihnen von der Übung „Der ideale Tag“ erzählt. Sie sollten aufschreiben, wie ein idealer Tag für Sie aussehen würde. Die zweite Frage, die ich in dieser Übung immer stelle, lautet: *„Wenn Sie zu der von Ihnen gewünschten Zeit aufwachen und Ihren Kopf drehen, wen sehen Sie dann? Wer ist die Person, die an einem idealen Tag neben Ihnen liegt?“*

Wenn Sie mit der Antwort, die Sie heute geben würden, nicht ganz glücklich sind, dann gibt es drei Möglichkeiten:

Love it – lernen Sie die Person neben sich wieder zu schätzen.

Leave it – verlassen Sie die Person.

Change it – nutzen Sie Ihre Möglichkeiten, einen Weg zu finden, mit dieser Person als Partner Ihre Pläne zu verwirklichen.

Wir sind nicht allein auf der Welt. Wir leben mit vielen Menschen und jeder einzelne hat Einfluss auf uns, entscheiden Sie sich für positive Einflüsse. Springen Sie über Ihren Schatten!

10. Anstoß: Stolperfalle „Wenn“ – Wenn ich einmal reich wär, ...

... manchmal fehlen uns nur 5% von ...! Ja, von was?

Mit Anfang dreißig wurde ich arbeitslos – aus heiterem Himmel. Einige Monate davor war ich von einem Headhunter als Vertriebsleiterin abgeworben worden und hatte mit dem neuen potenziellen Arbeitgeber fünf Bewerbungsgespräche geführt. Alles schien klar und ich ging mit viel Freude an meine neue Aufgabe. Zwei Monate später war Schluss. Die Begründung: Seine Frau meinte: „Sie oder ich.“ Nein, da war nichts davon, was einem im ersten Moment beim Lesen dieser Zeilen einfällt. Sie konnte mich nicht riechen. Fehlende Chemie – schade nur, dass ihr das nicht früher aufgefallen war. Denn zu diesem Zeitpunkt hatte ich bereits drei Kinder und war Alleinernährerin. Nun, im ersten Moment machte ich mir nicht allzu große Sorgen, denn es hatten viele Headhunter zu dieser Zeit angefragt und ich kontaktierte einfach einige. Eine gute Vertriebsfrau, die etwas von technischem Vertrieb verstand, war begehrt. Ich bekam auch viele Angebote und eine ganze Reihe von Vorstellungsgesprächen – aber keine Zusage. Nach der x-ten Absage ließ ich bei einer Firma nicht mehr locker und hörte nicht auf, nachzufragen, bis sie mir den wahren Grund der Absage erzählten. Sie klärten mich darüber auf, dass sie im Grunde schon von mir begeistert gewesen wären, aber ich wollte ja die Vertriebsleitung und dazu fehlte mir das Studium. Ich hatte keinen Studienabschluss in Wirtschaft oder einem ähnlichen Fachgebiet. Tja, das muss einem ja nur mal gesagt werden.

Ich war dreißig, hatte drei kleine Kinder, viele Jahre Erfahrung im Vertrieb und lag vollkommen depressiv auf der Couch. Das wird nie wieder etwas. Ich zweifelte an meinem Wissen, an meiner Erfahrung, an meiner Situation.

Wenn ich doch nur studiert hätte, oder einen Ehemann, oder größere Rücklagen, oder, oder ... Dabei hätte ich sehr gerne studiert, schon immer. Aber nach der Schule war es nicht möglich und danach hat es sich nicht mehr ergeben. Zu meiner Verteidigung kann ich sagen, die Situation war wirklich ernst, da wir in einem schönen Reiheneckhaus zur Miete lebten und unser Lebensstandard nicht luxuriös, aber doch recht angenehm war. Ich wusste also, wenn ich jetzt einen Job bekäme und annehmen würde, würde ich mein Studium sicherlich niemals mehr nachholen, weil ich freiwillig meinen Arbeitsplatz nicht noch einmal aufgeben würde. Doch in diesem Wissen lag auch meine Chance zu erkennen, dass jetzt der richtige Zeitpunkt war, mein Studium nachzuholen. Als mir das klar wurde, fragte ich nicht mehr, wie das ohne finanzielle Reserven und ohne Versorger gehen sollte. Sondern ich fragte mich, ob ich das wirklich will, egal was es kostet oder ob ich es nur wollte, weil andere meinten, das wäre wichtig oder nur dann würde ich wieder einen neuen Arbeitsplatz bekommen. Ich kam zu dem Schluss, dass es mir wirklich ernst damit war, zu studieren. In diesem Jahr war mein Sohn Tom sieben Jahre alt geworden und im September daher sein erster Schultag. Besser gesagt hatten wir beide ersten Schultag, ich an einer Wirtschaftsakademie und er in der Grundschule, ich habe meinen geschwänzt – seiner war wichtiger – aber lustig war es schon. Und nein, ich habe mein Studium nicht mit summa cum laude abgeschlossen, sondern mit 3,0 – worauf ich noch heute stolz bin und was später niemanden mehr interessiert hat. Abschluss ist Abschluss!

Träume sind Schäume?

Wenn ich meine Seminarteilnehmerinnen und Seminarteilnehmer bitte, dass sie ihre Wünsche und Träume notieren, stelle ich oft fest, dass diese überhaupt nicht illusorisch sind, sondern durchaus erfüllbar. Oft wünscht sich jemand nur etwas mehr Zeit für sich persönlich, für Sport oder Lesen. Dann wiederum geht es darum, ein oder zwei Positionen im Unternehmen weiterzukommen oder eine selbstständige Tätigkeit auszuüben oder um persönliche Dinge, wie einen Lebenspartner zu finden. Niemand sagt, dass er es in zwei Jahren zum Millionär oder zur nächsten Päpstin oder zum Bundeskanzler gebracht haben will, sondern es sind sinnvolle und realistische Ziele. Wenn ich die Teilnehmer frage, was ihnen dazu fehlt, sind es eher Kleinigkeiten, wie etwas mehr Zeit, Geld oder Wissen über ... oder etwas mehr Vertrauen in ... und so manches mehr.

Die danach folgende Übung nenne ich: Wenn ich nur 5% mehr ... hätte, dann... Warum nur 5%? Wenn ich die Menschen frage, wie viel Geld, wie viel Zeit oder wie viel mehr Wissen und so weiter sie brauchen, wird umgerechnet die Fünf-Prozent-Grenze selten überschritten.

Die meisten Menschen glauben, dass die Dinge, die ihnen fehlen, viel größer, weiter, schwerer, unerreichbarer und unwahrscheinlicher sind, als sie es tatsächlich sind. Sie haben viel zu oft nur eine vage Vorstellung, was etwas kostet oder wie groß der Aufwand für etwas wäre.

Eine kleine Geschichte dazu aus Facebook: Eine Kollegin von mir schrieb in Facebook, dass ihr auf dem Weg zum Termin beim Tanken der Absatz ihres Stiefels abgebrochen war. In ihrem Ort gibt es noch einen Schuster mit einer eigenen Werkstatt. Meines Wissens stehen die unter Denkmalschutz. Spaß beiseite. Jedenfalls gibt es so eine Werkstatt bei ihr und sie hatte das Glück, dass der Schuster sich ihres Problems sofort annahm und den Stiefel fachmännisch und zügig reparierte, sodass sie sogar noch pünktlich zum Termin kam. Eine der Leserinnen kommentierte diese Geschichte mit: „*Wahrscheinlich hat es mehr gekostet, als einfach neue Stiefel zu kaufen.*" Der Antwortkommentar meiner Kollegin lautete: „*6,50 Euro.*" Dinge, die wir nicht kennen oder noch nie selbst erlebt oder erreicht haben, sind in unserer Vorstellung sehr teuer. „Teuer" bezieht sich dabei nicht nur auf den tatsächlichen Eurobetrag, sondern auch auf die Zeit, die Umstände und den Aufwand. Je länger wir von diesem Wunsch träumen, desto teurer, umfassend gesehen, ist er.

Wenn Sie nun für eine Vision, eine Idee oder eine besondere Herausforderung mehr Zeit bräuchten, wie könnten Sie diese bekommen? Als Erstes wäre es wichtig, dass Sie eine Ist-Analyse erstellen. Wie laufen Ihre Tage normalerweise ab? Nehmen Sie dazu keinen Urlaubstag und keinen dieser „Freitag, der 13.", an dem alles schiefging, was nur schiefgehen konnte, obwohl gar nicht Freitag war. Sie wissen schon, die Tage, an denen man am Abend zur einzig wahren Schlussfolgerung kommt: „Wäre ich heute nicht aufgestanden, wäre der Tag erfolgreicher gewesen." Diese Tage haben wir alle mal. Nehmen Sie zur Analyse einen „normalen" Tag – auch im Verhältnis zur gesamten Woche gesehen. Dann markieren Sie Zeitfenster, in denen Sie nicht wirklich beschäftigt sind. Wobei Sie definieren, was beschäftigt bedeutet. Ist fernzusehen beschäftigt oder nicht? Es ist zum Beispiel so, dass am Dienstag, dem 11. Februar 2014 die Deutschen laut AGF/GfK-Fernsehpanel im Durchschnitt 236 Minuten fernsahen. Ich habe dabei den Durchschnitt gewählt, der der Altersgruppe der Leserzielgruppe dieses Buchs entspricht. Das sind knapp vier Stunden, bei einer Siebentagewoche sind das 28 Stunden, also etwas mehr als ein ganzer Tag.

Wenn Sie jetzt glauben, dass ich meinen Zeigefinger hebe und über den Fernsehkonsum und seine Folgen schimpfe, muss ich Sie enttäuschen. Ich sehe selbst gerne fern und als ich innerhalb meiner Mastermind-Gruppe einmal über meinen eigenen Fernsehkonsum schimpfte, also sauer auf mich war, meinte einer meiner geschätzten Mitstreiter: *„Fernsehen ist das moderne ‚ins Feuer schauen', welches unsere Vorfahren stundenlang praktizierten. Du kannst jetzt im Wohnzimmer ein Feuer anzünden oder weiterhin fernschauen."* Ich liebe ihn noch heute für diese Aussage. Entscheiden Sie, warum oder wieso fernzusehen für Sie wichtig ist oder eben nicht. Und das gilt für jedes Ergebnis Ihrer Ist-Analyse. Nur Ihre Meinung und Ansicht zählt. Wichtig ist, dass Sie ein Bewusstsein dafür haben, wofür Sie Ihre Zeit einsetzen.

Der nächste Schritt ist nun, herauszufinden, wie viel Zeit Sie für Ihre Vision bräuchten – nicht gefühlt, sondern tatsächlich. Wenn Sie das nach längerem Überlegen nicht wirklich, also tatsächlich wissen, fragen Sie jemanden, der das bereits gemacht hat, der „Ihren" Traum schon in sein Leben integriert hat, siehe dazu auch Kapitel 10. Manchmal braucht man für den Beginn der Realisierung eines Traums mehr Zeit als für die regelmäßige Ausübung. Notieren Sie dazu die Zeit, die Sie für die Vorbereitung brauchen, für die ersten Schritte und später dann für die regelmäßige Ausübung.

Dann vergleichen Sie die freien Zeitfenster mit dem Zeitbedarf für Ihre Vision. Passen sie? Wenn ja, dann: Los geht es! Viel Freude dabei.

Wenn nein, dann schauen Sie sich Ihre Ist-Analyse genauer an. Nehmen Sie zwei farbige Marker, markieren Sie in der Ist-Analyse die Zeiten, die im ersten Schritt nicht veränderbar sind, also fixe Termine wie zum Beispiel Zeiten, in denen Sie arbeiten oder sich um Ihren Lebenspartner kümmern oder, oder. Mit der zweiten Farbe, sagen wir mal „grün", markieren Sie alle Zeitfenster, die flexibel sind, die zumindest im ersten Schritt nicht unbedingt sein müssen. So, jetzt nehmen Sie nochmals Ihren Traum und vergleichen diesen mit den grünen Zeitfenstern. Was ist für Sie wichtiger, Ihr Traum oder die Tätigkeit im grünen Zeitfenster? Wenn Sie zum Schluss kommen, Ihr Traum ist wichtiger, dann notieren Sie sich die freigewordenen Zeiten. Summieren Sie die Zeit. Reicht es jetzt? Wenn ja, dann siehe bitte oben. Wenn nein, dann bitte den Vorgang wiederholen. Wenn es danach noch immer nicht passt, dann schauen Sie sich Ihren Traum noch einmal an. Geht es auch etwas „kleiner"?

Ich liebe Salzburg. Für mich ist diese Stadt ein Energiegeber und daher meine größte Belohnung nach einer anstrengenden Phase. Nach Salzburg fahre ich, wann immer es mir meine Pläne erlauben. Vor einiger Zeit war wieder ein Salzburgaufenthalt geplant, von Donnerstag bis Sonntag. In der Woche, als es losgehen sollte, kam genau für die geplante Reisezeit ein wichtiger, nicht verschiebbarer Termin herein. Ich war absolut enttäuscht und wütend. Wenn etwas nicht so läuft, wie ich mir das vorstelle, kann ich sehr ärgerlich werden. Als ich mich endlich beruhigt hatte, habe ich mir meine genauen Pläne für Salzburg angesehen. Um was ging es mir wirklich? Ich stellte fest, dass mir von den ganzen vier Tagen Folgendes wirklich wichtig war: Ich wollte einmal in Salzburg aufwachen und dabei auf die Salzach sehen, ich wollte an der Salzach entlanggehen, außerdem den Domplatz besuchen und vor allem im Café Bazar frühstücken. Dass ich diese fünf Dinge nicht tun konnte, machte mir wirklich etwas aus. Doch halt – das konnte ich, dazu musste ich nur am Donnerstagabend anreisen, mir meine dringendsten Wünsche erfüllen und Freitagmittag wieder zurückfahren.

Um was geht es uns wirklich, wenn wir unsere Träume oder Visionen erleben wollen? Für mich persönlich habe ich im Laufe der Jahre herausgefunden, dass ich viel zu oft in Schwarz oder Weiß denke. Entweder ich kann das Ganze erreichen oder gar nichts, dabei liegt die Lösung irgendwo in der Mitte und die Mitte ist stets viel bunter.

Dadurch, dass wir uns sehr häufig keine klaren Vorstellungen von unseren Ausgaben (Zeit, Geld, Einsatz, Aufwand) machen, glauben wir in vielen Fällen, dass etwas niemals machbar ist oder sind davon überzeugt, nicht genug dafür tun zu können. Wenn wir unser Verhalten von unserem Glauben, wie viel wir eventuell von einer oder mehreren Ressourcen brauchen, abhängig machen, ist unser Glaube dabei eine sehr trügerische Größe. Sind wir zufrieden mit uns, schätzen wir die Wirkung unseres Einsatzes unter Umständen zu hoch oder zu groß ein. Sind wir unzufrieden mit uns, schätzen wir sie wahrscheinlich zu gering ein. Beides kann großen Einfluss auf unsere Lebensqualität haben, das eine recht schnell, denn Unzufriedenheit mit uns bedeutet einen Einschnitt in unsere positive Lebensqualität, das andere erst zu einem späteren Zeitpunkt, wenn wir erkennen, dass wir nicht genug dafür getan haben, weil das Ergebnis letztendlich nicht stimmt.

Schattenspringer verlassen sich in solchen Situationen nicht auf ihr Gefühl, sondern überzeugen sich, ob sie die fehlenden fünf Prozent vielleicht schon längst erfüllt haben oder wie sie sie bereitstellen können.

Als meine Kinder klein waren und ich das Leben „berufstätig und Mutter“ lebte, Sie wissen schon, 51% berufstätig und 49% Mutter, gab es durchaus Momente, in denen ich mich in meiner Rolle als Mutter sehr unzulänglich fühlte. Besonders wenn „gute“ Freundinnen und Freunde ihren Finger in diese Wunde legten. Dazu fällt mir eine Situation ein: Es war Winter und die Kinder waren wieder mal erkältet, schon zum wiederholten Male in dieser Jahreszeit und ich war beruflich doch oft unterwegs. Genau zu diesem Zeitpunkt war ich erneut von schlechtem Gewissen geplagt. Abends kam eine Freundin mit ihrem Mann auf ein Glas Wein vorbei. Die beiden waren verheiratet, hatten eine Tochter und sie, Lisa, hatte einen Nebenjob am Vormittag, wenn ihre Tochter in der Schule war. Sie erwischten mich in einem schwierigen Moment, in dem mein schlechtes Gewissen als Mutter hohe Ausschläge zeigte. Ich war auf der Suche nach Trost und Ermunterung und die beiden erwiesen sich als die vollkommen Falschen dafür. Nachdem er, Erwin, mir lang und breit erklärt hatte, welch schlechte Mutter ich doch sei, das wollte er mir immer schon mal sagen, weil mir ja sonst keiner die Wahrheit sagt, und meine „Freundin“ Lisa ihm in allen Punkten zustimmte, gaben sich die beiden besonders bei den Details große Mühe. Vor allem führten sie mir vor, wie wenig Zeit ich doch für meine Kinder hatte. Sie hätten von mir als Mutter überhaupt nichts. Nachdem das Glas leer war, gingen beide nach Hause. Ich saß am Küchentisch und heulte mir die Augen aus. Ein Glas Rotwein, ein schlechtes Gewissen und Freunde, die Beweise lieferten, daraus werden Albträume gemacht.

Als ich mich beruhigt hatte, wurde ich wütend. Wut ist heilsam. Dabei fiel mein Blick auf die Schulstundenpläne meiner Kinder. Das brachte mich auf die Idee mit der Ist-Analyse. Wie verbrachte ich meine Tage im Durchschnitt, vom Aufstehen morgens über die Arbeitszeit bis zum Schlafengehen am Abend? Ich erstellte einen exakten Stundenplan. Danach definierte ich die Zeit, die ich mit meinen Kindern verbrachte. Welchen Wert hatte die Zeit mit meinen Kindern, wenn ich nebenbei putzte, kochte oder bügelte? Wie viel Zeit verbrachte ich mit ihnen, wobei sie wirklich meine volle Aufmerksamkeit hatten? Als ich die Zeitfenster, in denen ich nur für die Kinder da war, als wertvollste Zeit definiert hatte, gab ich diesen Zeiteinheiten die Farbe Gelb. Alle Zeitfenster, die dem Kriterium „wertvoll“ zugeordnet werden konnten, wurden gelb markiert. Überraschenderweise stellte ich fest, dass ich von sieben Tagen in der Woche fünf Tage mit einer gelben Zeiteinheit hatte. Der Grund dafür war, dass sich in unserer kleinen Familie eine ganze Reihe von Ritualen etabliert hatte und dadurch die gelben, also wertvollen Zeitspannen entstanden waren. Diesen Plan hängte ich direkt neben den Stundenplänen der Kinder auf. Mit einem Lächeln auf den Lippen ging ich ins Bett. Der Plan hing dort mehr als acht Jahre. Er war zum Schluss schon ganz vergilbt. Immer wenn wieder einmal gute Freunde vorbeikamen und mir erzählten, was eine „gute“ Mutter zu tun und zu lassen hatte, verwies ich auf diesen Plan, nicht ohne vorher zu definieren, was denn „wertvolle“ Zeit überhaupt bedeutete. Dabei lernte ich mit der Zeit, dass manche Mütter, die für die Kinder zu Hause blieben, oft sehr viel weniger „wertvolle“ Zeit mit ihren Kindern verbrachten. Ganz sicher nicht alle, aber es kam vor. Berufstätig oder nicht ist keine Definition für „gute“ Mutter.

Wenn Sie sich im übertragenen Sinne in einer ähnlichen Situation befinden beziehungsweise gerne einen Traum verwirklichen wollen, definieren Sie zuvor die „wertvollen“ Zeiteinheiten und prüfen Sie dann Ihren „Stundenplan“. Das hilft, über den eigenen Schatten zu springen und das „Mehr“ zu finden.

Später …

Sicherlich kennen Sie Menschen, die alles, wozu ihnen die fünf Prozent fehlen, *später einmal* machen möchten. Ob es das Reisen im Rentenalter ist oder mehr Zeit, die sie mit der Familie oder mit Freunden verbringen möchten, was nach dem großen Projekt wieder möglich sein wird. Oder ob es um das Liebesleben geht, das sie wieder genießen wollen, wenn die Kinder aus dem Gröbsten raus sind, oder ob es die Weiterbildungsmaßnahme betrifft und sei es nur, eine Sprache wieder aufzufrischen oder neu zu erlernen, das macht man wenn ... ja, wann? Was muss bei Ihnen zuerst erledigt sein, bevor Sie damit beginnen werden?

Das Problem ist, die Zeit rinnt unglaublich schnell durch die Finger. Aus Tagen werden Wochen, aus Wochen Monate und aus Monaten Jahre. Und wenn Sie glauben, dass Sie im Rentenalter viel reisen werden, wenn Sie es heute nicht tun, muss ich Sie enttäuschen. Reisen muss geübt sein, wenn wir das während der fitten und agilen Jahre nicht tun, werden wir es im Alter nicht mehr können. Man wird zu ängstlich. Viele Väter wollten sich später um ihre Kinder kümmern, als es so weit war, waren die Kinder weg, manchmal haben sie die Mutter gleich mitgenommen. Ich lerne immer wieder Männer kennen, die eine zweite Chance nutzen und sich in ihren zweiten Ehen der schnell rieselnden Zeit bewusst sind. Was ich persönlich toll finde. Lieber spät als nie!

Der Grund dafür, dass wir manche unserer Träume und Visionen gerne auf „später" verschieben, liegt darin, dass wir von einem im ersten Moment unüberwindbaren Hindernis blockiert zu sein scheinen. Wir sind so darauf fixiert, keine Lösung für den ersten Schritt zu finden, dass wir über den zweiten oder gar dritten Schritt nie nachdenken. Fünf Prozent, die uns für etwas fehlen, können sehr groß und unüberwindbar wirken. Wenn wir schon den ersten Schritt nicht schaffen, brauchen wir überhaupt nicht über den zweiten oder dritten Schritt nachzudenken. Dabei ist es genau anders herum: Weil wir über den zweiten oder dritten Schritt nie nachdenken, schaffen wir den ersten Schritt nicht.

Wenn ich dieses Problem bei meinen Coachees sehe, bringe ich gerne meine „Das-fünfte-Tischbein-Methode" ins Spiel. Sie funktioniert so: Sie stellen sich einen Tisch mit einem Bein vor, einen Bistrotisch zum Beispiel, die haben ihr einziges Bein in der Mitte der Tischplatte. In unserer Analogie ist die Tischplatte ihr Ziel, Ihr Traum oder Ihre Vision. Wenn das einzige Tischbein nicht funktioniert oder gar nicht da ist, dann kann der Tisch nicht stehen. Deshalb nehmen wir einfach einmal an, dass wir das Tischbein hätten, so, als hätten wir das Problem des ersten Schritts gelöst. Der Tisch steht. Was wäre jetzt der nächste Schritt? Wie würden Sie den angehen? Gibt es dafür Ideen und Lösungen? In vielen Fällen ist das der Fall, sobald man über diesen Schritt losgelöst von dem ersten Schritt nachdenkt. Das würde bedeuten, wir wissen, wie wir den zweiten Schritt angehen können und haben dadurch jetzt ein Tischbein, das wir an unserer Tischplatte befestigen können. Wir befestigen es auf ein Uhr, also rechts oben. Wie müsste der dritte Schritt aussehen? Gibt es dafür bereits Ideen und Lösungen? Theoretische auf alle Fälle. Damit können wir Schritt drei gehen. Also wieder ein Tischbein. Dieses kommt auf fünf Uhr, also rechts unten. Und das Gleiche machen wir mit Schritt vier und fünf – und immer schön das jeweilige Tischbein befestigen, diesmal auf der linken Seite des Tisches. So, unser Tisch steht nun mit seinen vier Beinen so fest, dass wir ohne Bedenken das erste, mittlere Bein herausnehmen können und der Tisch trotzdem stehen bleibt.

Schauen Sie sich dieses Bein an, ist es wirklich so wichtig? Ist es wirklich nötig? Was hindert Sie daran, einfach mit Schritt zwei zu beginnen? Oder sehen Sie für Schritt eins jetzt eine Lösung, nachdem Sie gemerkt haben, dass die nächsten vier Schritte sehr gut funktionieren könnten? Der erste Schritt ist oft der schwierigste und/oder anstrengendste. Er kann uns unglaublich viel Energie rauben. Auch verstellt er uns manchmal unsere Weitsicht so, dass wir den Wald vor lauter Bäumen nicht mehr sehen. Dabei käme hinter diesem

Wald eine offene fruchtbare Fläche, die wir einfach bebauen könnten. Lassen Sie sich bei Ihren Wünschen und Träumen doch einfach einmal darauf ein, hinter den ersten Schritt zu schauen. Viele Menschen verharren in ihren Träumen stets vor dem ersten Schritt oder springen gleich ans Ende des Weges und träumen nur davon, wie es wäre, wenn Sie am Ziel angekommen wären. Dem Weg dazwischen schenken sie keine Aufmerksamkeit. Auf diese Art werden Träume zu Schäumen.

Eine meiner Kundinnen, die sich ohne Studium zur Abteilungsleiterin in einem Technikkonzern hochgearbeitet hatte, wollte gerne Hauptabteilungsleiterin werden. Sie hatte sich schon zwei Jahre lang um frei werdende passende Hauptabteilungsleiterpositionen beworben, aber nie den Zuschlag bekommen. Sie war morgens die Erste und abends die Letzte, also unglaublich fleißig, hatte dabei aber auch viel Freude an dem, was sie tat, und einen enormen Gestaltungswillen. Als sie zu mir kam, wusste sie durch interne Quellen, dass in absehbarer Zeit wieder eine der seltenen Hauptabteilungsleiterpositionen frei werden würde. Noch dazu in einem Bereich des Konzerns, der genau ihren Erfahrungen und Kenntnissen entsprach. Sie kam zu mir und meinte, dass sie zwar noch Zeit hätte, aber nicht so viel, dass sie ihr Studium nachholen könnte und dass es ihr auch nicht möglich wäre, noch mehr (Quantität) zu arbeiten, die Tage hätten einfach nicht mehr Stunden. Ich habe sie dann gefragt, was Sie denn tun würde, wenn sie die begehrte Position bekäme (fünftes Tischbein)? Als Erstes würde sie ein Konzept erarbeiten, um diese Abteilung produktiver zu machen (erstes Tischbein). Als Zweites würde sie mit dem nächsthöheren Verantwortlichen sprechen (zweites Tischbein). Danach würde sie mit benachbarten Hauptabteilungsleitern sprechen, die miteingebunden werden müssten, um die Produktivitätspläne umsetzen zu können (drittes Tischbein). Und natürlich gab es auch einen vierten und weitere Schritte. Auf meine Frage, wie eng denn bisher der Kontakt mit dem Hauptverantwortlichen sei, meinte sie, dass er sie natürlich kenne und bei diversen Anlässen auch schon mit ihr gesprochen hätte. Ein „enger" Kontakt würde jedoch nicht bestehen. Ich fragte sie dann: „Angenommen, dieser Mann würde gefragt werden, wen er als den nächsten Hauptabteilungsleiter sehen würde, würden Sie ihm dann als Person und als Name einfallen? Auf einer Skala von 1 bis 10, zehn bedeutet todsicher." „Eine drei, mit etwas Glück", meinte sie. Um meinen Rat auf einen Punkt zu bringen: Ich sagte ihr damals: „Vergessen Sie das Studium, vergessen Sie das viele, viele Arbeiten – fangen Sie an zu netzwerken, also mit dem Hauptentscheider, aber auch mit den benachbarten Hauptabteilungsleitern ins Gespräch zu kommen (zweites und drittes Tischbein) und entwickeln Sie das Konzept nebenher so weit, dass sich Ihre Netzwerkpartner zur gegebenen Zeit etwas darunter vorstellen können (erstes Tischbein). Und als viertes Tischbein lassen Sie Ihren Wunsch, diese Position besetzen zu wollen, Schritt für Schritt einfließen." Lachend meinte sie: „Dann kann ich das fünfte Tischbein ja vergessen." „Für diese konkrete Konstellation, ja. Wenn es nicht klappt, können wir für die Zukunft dieses Tischbein ja noch einmal hervorholen." Da das Netzwerken mit den Vorgesetzten und entsprechenden Kollegen bisher nicht auf ihrem Plan gestanden hatte, gab es in diesem Bereich noch viel zu lernen und es erfolgten auch Rückschläge. Nach neun Monaten wurde ihre Bewerbung erfolgreich angenommen. Das war ein Novum in diesem Unternehmen. Sie war aber auch gut in ihrem Fachgebiet.

Es ist schlimm, wenn wir etwas wagen und es geht schief, aber noch schlimmer ist es, wenn wir es nie gewagt hätten.

Trauen Sie sich etwas, Schattenspringer scheitern nicht an der 5-Prozent-Hürde.

Nina Hagen sagte einmal: *„Sie haben mich nicht auf die Schauspielschule gelassen – ich bin trotzdem auf die Bühne gegangen! Ich habe meine Meinung gesagt und mir ein neues Land zum Leben gesucht. Wenn ich mich immer nach anderen gerichtet hätte, dann wäre ich nicht ick – und ick bin ick. Wenn wir wollen, können wir die Welt anhalten!"* Ich kenne Nina Hagen nicht besser als die meisten Menschen, eben aus Funk und Fernsehen, aber ich bin mir sicher, sie kannte die „Das fünfte Tischbein"-Methode, auch wenn sie diese wahrscheinlich anders genannt hat.

Halten Sie die Welt an, wenn nötig, aber laufen Sie nicht wie eine Maus vor einer Glasscheibe hin und her, weil dahinter der Käse liegt. Es geht nicht immer auf dem direkten Weg, manchmal braucht es einen langen Umweg, aber wenn es Ihnen wirklich wichtig ist, werden Sie Ihren Lösungsweg finden. Übrigens, dadurch, dass Sie sich mit den Schritten zwei bis vier ernsthaft beschäftigen, werden Ihnen sehr viele Lösungen für Ihren Traum begegnen, an die Sie im Planungsstadium nie gedacht haben.

Sie erinnern sich noch an mein Beispiel mit der Mastermind-Gruppe, in der eine Teilnehmerin nach Australien auswandern wollte und es letztendlich auch tat. Es war unglaublich, wie viele Menschen sie plötzlich traf, die entweder selbst Jahre in Australien verbracht hatten oder jemanden kannten, der auch dorthin ausgewandert war. Das nenne ich das „Rote-Mini-Cabrio-Syndrom".

Stellen Sie sich vor, Sie verlieben sich unsterblich in eine Frau, die ein rotes Mini-Cabrio fährt. Sie haben sich bereits einige Male getroffen und das Verliebtsein blüht und gedeiht. Ich weiß nicht, wie es Ihnen geht, liebe Leserinnen und Leser, aber ich habe in diesem Zustand immer gehofft, dass mir mein Objekt der Begierde zufällig über den Weg läuft. Zum Beispiel, wenn ich gerade aus einem Laden herauskam und auf die Straße trat oder wenn ich an der Ampel stand und darauf wartete, dass es grün wurde, damit ich die Straße überqueren konnte, überall hielt ich nach meinem „Rotes-Mini-Cabrio-Fahrer“ Ausschau. Wussten Sie, dass immer wenn ich nach diesem speziellen Fahrzeug Ausschau hielt, im selben Zeitraum Hunderte von Menschen genau dieses Auto gekauft hatten? Weder davor noch danach wurden so viele rote Mini-Cabrios verkauft. Sie kennen dieses Phänomen, sobald wir uns auf etwas konzentrieren, es in unserem Leben eine gewichtige Bedeutung bekommt, werden wir das, worauf sich unser Auge richtet, bewusst wahrnehmen. Das klappt beim Verliebtsein, das klappt, wenn wir uns für eine bestimmte Automarke interessieren und es klappt, wenn wir einen Traum oder eine Vision verwirklichen wollen. Schattenspringer vertrauen darauf.

11. Anstoß: Kittel, Titel, Uniform – Wie werden Sie zur Autorität? Ein Rezept für Ihren Alltag

Ich hatte früher einen Chef, der sich, wenn die Dinge nicht so liefen, wie er sich das wünschte, mitten in den Raum stellte und brüllte: *„Ich bin hier der Chef!“* Ich war damals noch sehr jung und wunderte mich, dass jemand, der der Chef ist, das immer so betonen muss. Ich ahnte damals schon, dass mit jedem Ausruf *„Ich bin hier der Chef!“* ein Stück seiner Autorität verloren ging.

Wie wird man eine Autorität? Nun, nichts einfacher als das, ein weißer Kittel und die beiden Buchstaben Dr. vor dem eigenen Namen und schon schauen die meisten Menschen mit großen Augen zu einem auf. Oder geschwind in die Uniform eines Piloten, Polizisten oder Generals geschlüpft, und schon weichen die Massen zur Seite, wenn die Person mit dynamischen Schritten und entsprechenden Gesten ihres Weges geht. Wir treffen auf viele Autoritäten, die aufgrund von äußeren Merkmalen oder per Amt und Funktion automatisch zur Autorität erhoben worden sind, dazu zählen Staatspräsidenten, Ärztinnen, Prominente aus Funk und Fernsehen, Manager, aber auch die Mitarbeiterin einer Behörde, solange ich genau von dieser Behörde etwas brauche, sowie Uni-Professorinnen, Lehrer und viele mehr. Im Grunde genommen ist das auch vollkommen in Ordnung, wenn man Kittel und Titel rechtmäßig trägt. So mancher Uniformträger verdient nicht nur unseren Respekt, sondern auch unser Dankeschön für seinen Einsatz. Doch Kittel, Titel und Uniformen haben mitunter ihre Haken, zum einen dürfen sie nur von dazu autorisierten Personen getragen werden und zum anderen gilt diese Art von Autorität oft nur in einem bestimmten Kontext. Sobald die Uniform oder der Kittel abgelegt sind und sich der Träger „nackt“ in einer anderen Umgebung befindet, wie zum Beispiel zu Hause bei seinen Kindern oder in einem Sportverein, kann es sein, dass seine Autorität plötzlich verschwunden ist.

Als Schattenspringer sollten Sie über eine Art grundsätzlicher Autorität verfügen. Sie sollten gehört werden, wenn Sie etwas zu sagen haben und gefragt werden, wenn Sie Spezialist zum jeweiligen Thema sind oder aus anderen Gründen etwas dazu beitragen können. Autoritäten wirken selbstsicher, souverän und menschlich. Sie sind glaubwürdig und verantwortungsbewusst. Wie kann man diese Alltagsautorität erreichen? Diese Form von Autorität können Sie erlernen, dazu benötigen Sie eine Reihe von Zutaten. Ähnlich wie beim Backen eines Kuchens brauchen Sie von den verschiedenen Zutaten unterschiedliche Mengen. Je nach Geschmack entscheiden Sie, von welcher Zutat Sie mehr investieren wollen und von welcher weniger.

Sind Sie ein Vorbild?

Eine der wichtigsten Zutaten, wie die anderen uns wahrnehmen, ist sicherlich, dass wir die Menschen, für die wir als Autorität gelten wollen, auf Augenhöhe sehen und uns für die Gesamtsituation verantwortlich fühlen sowie als Vorbild vorangehen wollen. Damit die Begriffe Verantwortung, Augenhöhe und Vorbild nicht nur leere Worthülsen sind, lassen Sie diesen Worten auch Taten folgen. Das bedeutet, Sie grenzen sich nicht als der vermeintlich Wertvollere ab, sondern sehen sich als Teil des Teams. Ob es sich bei dem Team um Ihre Familie, Ihre Abteilung im Unternehmen oder um eine spezielle Interessensgruppe handelt, ist nicht entscheidend.

In meiner Zeit als Mitarbeiterin eines IT-Unternehmens waren wir, die Vertriebsmitarbeiter und der Firmenchef, gemeinsam auf diversen Messen. Jeden Morgen wurde der Messestand optisch wieder für die zu erwartenden Besucher hergerichtet. Es galt, die Exponate vom Staub zu befreien, den Teppichboden zu saugen und die Papiereimer zu leeren. Immer wieder beobachtete ich meinen damaligen Chef dabei, wie auch er den Staubsauger in die Hand nahm oder ein Papier vom Boden aufhob. Er war durchaus in der Lage, klare Anweisungen zu geben und sich bei der detaillierten Umsetzung zurückzuhalten. Nur beim Messestand ging es darum, dass wir verstehen sollten, dass jeder Einzelne von uns und der Stand selbst für das Image des Unternehmens standen und deshalb war er sich nicht zu schade, etwas vom Boden aufzuheben, wenn es nötig war.

Den anderen Teammitgliedern auf Augenhöhe zu begegnen, bedeutet auch, in der Sache klar Stellung zu beziehen, wenn nötig zu kritisieren oder ein deutliches Veto einzulegen und dabei dennoch die Person nicht in ihrer Persönlichkeit anzugreifen oder herabzusetzen. Ein schönes Beispiel ist dafür der Mainzer Fußballtrainer Thomas Tuchel. Laut einem Bericht der ZEIT ONLINE vom 11. Oktober 2010 ist der Fußballplatz eines der letzten Territorien, auf dem hemmungslos diktiert und geherrscht wird[10]. Tuchel dagegen tut ständig Dinge, die gar nicht zur herkömmlichen Auffassung einer Autoritätsperson passen. Als zum Beispiel eine Partie nicht gut lief, fragte er in der Pause seine Spieler, mit welcher Taktik sie weiterspielen wollten – und Mainz gewann. Mittelfeldmann Lewis Holtby preist seinen Chef als gelungene Kombination aus „Autorität und Menschlichkeit". Die ZEIT ONLINE meint weiter: *„Damit stellt Tuchel gleichsam einen neuen Typus der Autoritätsperson dar. Einem, dem es gelungen ist, jene widersprüchlichen Tugenden zu vereinen, die tief in uns stecken und die in der modernen Gesellschaft heute gefragt sind – einerseits die Kraft der klaren Ansage, andererseits die Wärme der emphatischen Einbindung."*

Auch ich habe die Erfahrung gemacht, dass ich durch mein Vorbild sehr viel mehr erreiche als durch Druck oder Androhung von Sanktionen. Im Leben mit meinen Kindern, aber auch mit meinen Mitarbeitern gab es Zeiten, in denen der Druck sehr groß war. Und gerade in diesen Zeiten neigte ich schon dazu, das eine oder andere Mal schimpfend und meckernd durch die Räume zu laufen. Die Kinder waren dabei die Ersten, die mich dann voll gegen die Wand laufen ließen, entweder indem sie immer mehr den Gehorsam verweigerten und plötzlich Reaktionen zeigten, die sonst überhaupt nicht ihre Art waren, wie die häufige Verwendung von Schimpfwörtern oder die akute Vernachlässigung von vereinbarten Aufgaben. Als sie älter wurden, stellten sie mich aktiv zur Rede und zeigten deutlich an, was sie als ungerecht empfanden. Wenn die Kinder und ich dagegen einen klaren Plan machten, der mir half, den Druck aus der Situation zu nehmen, und ich genauso meinen Teil der Aufgaben bekam und mich auch an die Erledigung hielt, übernahmen die Kinder ihre Aufgaben ebenfalls, ohne zu murren. Unser Zusammenleben war insgesamt sehr viel harmonischer.

Vor einigen Jahren stand ich mit einer Mitarbeiterin an der Kaffeemaschine und sie beklagte sich darüber, dass ihre pubertierende Tochter am Wochenende trotz Hausarrest einfach zu einer Party gegangen war. Sie war sehr verzweifelt, dass ihre Tochter offensichtlich nicht mehr zu bändigen war. Etwas überrascht fragte ich sie, wie das möglich gewesen war, dass die Tochter einfach das Haus verlassen hatte. Wie hatte sie das gemacht? War sie aus dem Fenster gestiegen? Nein, meinte meine Mitarbeiterin, sie selbst war nicht zu Hause gewesen. Zufälligerweise stand auch meine Tochter daneben, bereits ein paar Jahre der Pubertät entwachsen und meinte, das hätte sie sich niemals getraut. Beinahe gleichzeitig stellten wir ihr die Frage: „*Warum?*“ Sie meinte dazu, dass erstens ihre Mutter, also ich, immer auch zu Hause geblieben war, wenn sie Hausarrest gehabt hatte und wenn dem aus wichtigem Grund einmal nicht so gewesen war, hätte sie, meine Tochter, sich nicht getraut zu gehen. Das stimmte, wenn die Kinder Hausarrest oder Fernsehverbot hatten, hatte ich es auch. Erst im Nachhinein wurde mir bewusst, wie sehr sie das beeindruckt hatte. Und zweitens war sie von der Konsequenz meiner Handlungen beeindruckt. Eine Frau, ein Wort. Das heißt, hätte sie das Haus verlassen, wären die Folgen gravierend gewesen, egal welchen Preis ich dabei gezahlt hätte, zum Beispiel eine spürbare Verlängerung des Hausarrests, den ich dann ebenso neben ihr sitzend verbracht hätte.

Autorität bedeutet also, nicht nur persönliche Ziele zu verfolgen, sondern eine Lösung für das gemeinsame Ziel zu finden, dabei mit gutem Beispiel voranzugehen und jeden Einzelnen im Team als wertvollen Partner zu sehen.

Sind Sie kompetent?

Eine weitere Zutat, um eine glaubwürdige Autorität zu sein, ist das Fachwissen, das in der jeweiligen Situation gefordert ist. Dabei kommt es nicht nur darauf an, dieses Wissen in sich zu tragen, sondern auch, dass man die jeweiligen Teammitglieder wertschätzend daran teilhaben lässt. Viele Menschen behalten aus strategischen Gründen ihr Fachwissen für sich. Sie haben Angst, dass andere damit ihre Scherflein ins Trockene bringen, wenn sie dieses Wissen weitergeben. Untersuchungen zeigen jedoch, dass die Shareconomy (der Begriff Shareconomy wurde von Harvard-Ökonom Martin Weitzman geprägt) immer mehr zum Überleben von Unternehmen beiträgt und sie besagt im Kern, dass sich der Wohlstand für alle erhöht, je mehr unter allen Marktteilnehmern geteilt wird. Der Branchenverband

BITKOM hat in seiner Studie „Arbeit 3.0" das Verhalten und die Zukunft der Arbeit untersucht. 63% der Befragten stimmten der Aussage zu, dass die Arbeitsergebnisse durch den Informationsaustausch besser werden. Mehr als die Hälfte der Befragten (53%) ist der Meinung, dass sie auch persönliche Vorteile in Form von wertvollem Feedback erhält, wenn ein solcher Austausch stattfindet. Auch Cavett Robert, der Gründer der National Speakers Association in den USA, hatte diese Einstellung, aus der dann „The Spirit of Cavett" entstand. Dieser lebte nach dem Motto: *„Wenn wir unser Wissen und unsere Erfahrung teilen, dann wird der (Markt-)Kuchen für alle größer."* Auch die German Speakers Association, deren Past Präsidentin ich bin, handelt mit ihren über 800 Mitgliedern (Stand April 2014) nach diesem Motto. Jedes Mitglied hat dadurch die Möglichkeit, in seinen Referentenfähigkeiten zu wachsen und jedes Mitglied wird durch das Teilen seines Wissens zur Autorität.

Genau diese Autorität strahlen auch Schattenspringer aus, wenn sie zeigen, was sie wissen. Menschen verbinden Autoritäten im ersten Moment oft mit Größe, Stärke und dominantem Auftreten, was auf unsere evolutionäre Entwicklung zurückzuführen ist. In der Steinzeit war es wichtig, dass man durch imposantes Auftreten den Feinden Angst machte und sie vertrieb. Die ZEIT ONLINE[11] führt dazu aus: *„Experimente zeigen, dass wir bei einer Begegnung schon in den ersten Sekundenbruchteilen nach diesen äußeren Autoritätsmerkmalen Ausschau halten. US-Psychologen haben statistisch nachgewiesen, dass große Menschen beruflich erfolgreicher sind und bei Wahlen dynamische Kandidaten bevorzugt werden."* Im Laufe der Jahrtausende haben sich die Herausforderungen jedoch gewandelt. Heute kommt unser Nachbar nicht mehr mit der Keule in der Hand in unseren Vorgarten und fordert unseren sonntäglichen Schweinebraten. Heute gilt es andere

Probleme zu lösen, wie zum Beispiel: Ja oder nein zu genmanipulierten Nahrungsmitteln? Oder: welches Fleisch ist noch gesund, Massentierhaltung oder Bio-Aufzucht? Deshalb sehen wir heute Autorität darin, wie gut der jeweilige Mensch mit aktuellen Problemen umgehen kann, ob es sich dabei um die Lösung eines Computerproblems handelt, das die Produktion lahmlegt oder die Vermittlung zwischen verschiedenen Abteilungen, die Kommunikationsprobleme bei der gemeinsamen Bewältigung eines Projektes haben oder darum, das Sommerfest für die gerade fusionierten Unternehmen A und B zu organisieren. Fachwissen hat heute derjenige, der das jeweilige Problem zur Zufriedenheit aller lösen kann. Wenn sie oder er dabei noch ruhig und gelassen bleibt und sich auch von Unvorhergesehenem nicht aus der Reserve locken lässt, ist diese Person eine Autorität.

Was Sie wissen, ist wichtig, teilen Sie es mit Begeisterung mit! Zeigen Sie Ihre Autorität dadurch, dass Sie souverän Ihr Umfeld mit Ihrem Wissen unterstützen, ohne sich dabei zu sorgen, dass Sie sich vielleicht blamieren könnten. Wenn Sie zu Besprechungen eingeladen werden und die Agenda kennen, bereiten Sie sich mit persönlichen Notizen vor, notieren Sie Ihre Argumente oder die jeweils wichtigen technischen Details, die Sie dazu wissen. Bilden Sie sich aber auch konsequent weiter, interessieren Sie sich für den Lebenszweck Ihres Unternehmens. Ich erlebe immer wieder: Je größer die Unternehmen sind, in denen die Menschen arbeiten, desto weniger wissen sie über Sinn und Zweck des Unternehmens. Autoritäten kommen ihrer Holschuld, möglichst viele Informationen über die Herausforderung, vor der sie gerade stehen, zu sammeln, aktiv nach. Autoritäten warten nicht, bis diese Informationen an sie herangetragen werden.

Beweisen Sie Haltung?

Und damit kommen wir zur dritten Zutat, die Ihnen zur Autorität verhilft: Selbstsicherheit und Haltung. Nun hilft es Ihnen nicht, wenn ich Sie bitte, sich mit Selbstsicherheit mitten in Ihr Team zu stellen, wenn Sie diese Sicherheit Ihres Selbst nicht empfinden. Wenn Sie das Gefühl haben, dass Ihr Wissen nicht wichtig ist und zur Lösung nichts beitragen kann, wird Ihre Haltung das auch signalisieren. Wenn Sie glauben, dass Sie Ihren Beitrag nicht fehlerfrei rüberbringen und alle Anwesenden diese Aufgabe besser meistern könnten als Sie, wird Ihre Stimme leise und unsicher klingen.

Ich gehe einmal davon aus, Sie haben bis hierher gelesen, weil Sie wirklich Ihre ganz persönliche Alltagsautorität erlangen wollen, weil es Ihr wirklicher Wille ist, in Ihrem Team als Autorität wahrgenommen zu werden, egal ob es sich dabei um Ihre Familie oder Ihre Kollegen oder um Ihr persönliches Netzwerk handelt. Was Ihnen dabei nicht hilft, sind die immer gleichen Mantras des positiven Denkens, die viele heute noch empfehlen. Eine Situation wird nicht automatisch besser, nur weil ich sie mir schöndenke. Wir alle haben diese grauen Tage, an denen es uns nicht gut geht, sei es, weil in Kürze eine Grippe ausbricht, die wir schon in allen Gliedern spüren oder weil wir uns noch immer ärgern, dass ein wichtiges Projekt, in das wir viel Liebe und Energie gesteckt haben, nicht so erfolgreich abgeschlossen wurde, wie wir es verdient hätten. Was passiert nun, wenn wir mit hängendem Kopf und kleinen schleppenden Schritten durch den Raum laufen und uns unentwegt mit leiser Stimme vorsagen: *„Ach, wie schlecht geht es mir doch. Ach, ich armes Geschöpf. Keiner liebt mich. Alle sind gegen mich.“* Sollten Sie eine deftigere Sprache bevorzugen, ist dies natürlich erlaubt, sprechen Sie so mit sich, wie Ihnen der Schnabel gewachsen ist. Sie werden merken, innerhalb kürzester Zeit ist Ihr grauer Tag pechschwarz und Sie fühlen sich vollkommen schwach und hilflos. Sie sind wie ein Treibholz in den Strömen Ihrer negativen Gefühle und Gedanken. Probieren Sie es aus. Es funktioniert auch, wenn Sie gar keinen Grund haben, sich schlecht und hilflos zu fühlen, wenn Sie sich eigentlich gerade, sagen wir einmal, in einem neutralen Zustand befinden.

Die gute Nachricht ist: Was im Negativen geht, geht auch im Positiven. Schütteln Sie sich einmal kräftig durch, also Beine und Füße ausschütteln, dann die beiden Arme und dann Ihren Torso und zum Schluss noch Ihren Kopf. So, und jetzt laufen Sie mit erhobenem Kopf durch den Raum. Brust raus, Bauch rein, nicht verkrampft, aber mit Haltung, beschleunigen Sie Ihren Schritt und machen Sie dabei große Schritte, dazu bewegen Sie Ihre Arme im passenden Rhythmus hin und her, geben Ihrer Stimme Kraft und Energie, sodass Sie nicht schreien, aber dynamisch sprechen, und sagen Sie: *„Es geht mir gut. Alles, was ich anpacke, schaffe ich auch. Ich bin stark und kreativ. Mir fällt immer eine Lösung ein.“* Gerne können Sie wieder Worte wählen, die einen ähnlichen Sinn ergeben, jedoch besser zu Ihnen passen. Und lächeln Sie dabei, lächeln Sie viel, nehmen Sie eventuell einen Bleistift und legen ihn quer in Ihren Mund, dabei halten Sie ihn mit Ihren Lippen, nicht mit den Zähnen. Oder vielleicht schaffen Sie es sogar, laut zu lachen, so als würden Sie etwas wirklich Lustiges erleben. Also entweder intensiv lächeln oder Stift in den Mund oder laut auflachen. Ja, ich weiß, es hört sich schlimm an, aber bleiben Sie dran. Nach einer Minute werden Sie merken, dass Sie sich stärker fühlen, dass Ihre Energie zurückkommt, dass Sie Lust bekommen, etwas zu unternehmen. Sogar der Raum, in dem Sie laufen, wird Ihnen etwas heller vorkommen, so als ob die Sonne ein wenig mehr hereinschauen würde.

Diese Übung basiert auf einer Idee des Psychologen William James, die unter dem Namen „So-tun-als-ob“

oder „Als-ob-Prinzip“ bekannt ist. Der Unterschied zum reinen positiven Denken liegt darin, dass Sie handeln und dabei positiv sind. Sie verhalten sich so, alles wären die Voraussetzungen für Ihr Handeln positiv und gehen los, tun es einfach, das ist der Trick dabei. Ich habe dieses „Als-ob-Prinzip“ vor 15 Jahren kennengelernt und wende es immer wieder an. Dass es funktioniert, habe ich vor allem deshalb sofort geglaubt, weil ich folgende Erfahrung vorher schon oft gemacht hatte: Angenommen, Sie haben eine kurze, schlechte Nacht gehabt und wachen am nächsten Morgen todmüde auf. Zufälligerweise haben Sie an diesem Tag keinen wichtigen Termin und keine brennenden Aufgaben zu erledigen. Sie gehen zwar an Ihren Schreibtisch, schleichen dabei aber durch den Tag und merken immer mehr, wie sich die schlechte Nacht in Ihren Knochen breitmacht. Es geht Ihnen nicht gut, Sie warten nur darauf, dass der Arbeitstag für Sie zu Ende ist und Sie auf die Couch oder gleich direkt ins Bett gehen können. Sie sind müde, schlapp und schlecht gelaunt.

An einem anderen Tag dagegen, Sie hatten wieder eine schlechte Nacht mit wenig und sehr unruhigem Schlaf, haben Sie einen wichtigen Termin und anschließend noch einige lange und sehr gewinnbringende Telefonate. Mittags treffen Sie sich mit einem Kollegen, der Ihnen eine erfolgversprechende Idee vorstellt, danach erledigen Sie eine bedeutende Rechercheaufgabe und schreiben fünf unerlässliche E-Mails. Plötzlich ist es achtzehn Uhr und es kommt Ihnen vor, als hätte der Tag erst vor einer Stunde begonnen. Und komischerweise sind Sie auch überhaupt nicht schlapp und müde, sondern rufen tatsächlich noch eine Freundin an, um mit ihr ein Glas Wein zu trinken, bevor Sie sich dann rechtschaffen müde, aber zufrieden ins Bett begeben. Mich hat dieses unterschiedliche Erleben solcher Tage immer fasziniert. Beide Tage hatten die gleiche schlechte Voraussetzung und ich hatte an beiden Tagen alle Rechte dieser Welt, mich schlapp und müde zu fühlen. Doch dadurch, dass es Gründe für das „aktive Tun“ gab, ich durch Termine praktisch dazu gezwungen war, loszugehen, fühlte ich mich fit und energiegeladen.

Der Psychologe Richard Wiseman hat dieses einfache Prinzip in seinem Buch „Rip it up“ (Titel der deutschen Ausgabe: „Machen, nicht denken“) aufgenommen und mit vielen Anleitungen versehen. Dabei motiviert er seine Leserinnen und Leser mit dem Satz: *„Wenn du eine bestimmte Eigenschaft haben willst, handle so, als ob du sie schon hättest!“* Und ich ergänze gerne, indem ich Sie auffordere, nicht so viel darüber nachzudenken, ob Sie es können, ob Sie schon alle relevanten Details wissen – sondern einfach loszugehen und so zu tun, als ob. Sie werden erstaunt sein, wie schnell Sie vom „Als-ob-Prinzip“ in den tatsächlichen Zustand kommen. Der erste Schritt ist der schwierigste und mutigste und dann geht es los. Schattenspringer erarbeiten sich ihre Selbstsicherheit und Haltung, indem sie so tun, als ob. Die Handlung besteht aus dynamischem in die Situation hineingehen, Haltung annehmen, wenn es die Situation erfordert – aufzustehen, dabei Kopf hoch, Brust raus, Bauch rein – nicht übertreiben, nur so, dass Sie aufrecht stehen und innerlich mit sich sprechen: *„Ich kann das!“* oder *„Ich weiß das!“* und dann legen Sie los.

Und damit kommen wir zur vierten Zutat: Ihrer Sprache. Die Sprache der Schattenspringer ist auch die Sprache der Alltagsautorität. Im ersten Teil dieses Buchs haben Sie viel über die Sprache der Schattenspringer erfahren. Sie wissen, dass Sie so weit wie möglich den Konjunktiv vermeiden sollten. Auch lassen Sie bereits Weichmacher wie „nur“, „ich denke“ oder „ich glaube“, um nur einige zu nennen, immer öfter weg. Sie achten mehr darauf, zu sagen, was geht, anstatt immer wieder zu erklären, was nicht geht und warum. Nach dem „Als-ob-Prinzip“ erhalten Sie schnell eine aufrechte energiegeladene Haltung, die Sprache, die Sie dann wählen, überzeugt nicht nur Ihre Teammitglieder, sondern unterstützt auch Ihr „Als-ob-Prinzip“. Gegebenenfalls lesen Sie sich die ersten Kapitel dazu noch einmal durch.

Nutzen Sie die Macht des Outfits?

Die letzte und fünfte Zutat für Ihren Autoritätsmarker ist die Optik. Alltagsautorität wird auch durch das entsprechende Outfit unterstützt. Dabei geht es nicht per se um den dreiteiligen Anzug von einem Modedesigner für den Herrn oder das blaue maßgeschneiderte Kostüm für die Dame, sondern es geht um das Kleidungsstück, das Ihnen hilft, Ihre Alltagsautorität zu unterstreichen.

In meiner Rolle als Past Präsidentin der German Speakers Association sitze ich als Jurymitglied in einem Veranstaltungsformat mit dem Namen „Newcomer-Casting“. In diesem haben Newcomer in der Speaker-Szene die Möglichkeit, sich einer Jury zu stellen, um sich einer Stärken- und Schwächenanalyse zu unterziehen und sich bei entsprechender Performance auf einer späteren Veranstaltung für den Newcomer Award zu qualifizieren. Immer wieder fällt uns als Jurymitgliedern auf, wie wenig die Redner auf ihre Kleidung achten. Auch hier ist nicht per se das Kostüm oder der Dreiteiler gefragt. Aber auf einer Speaker-Bühne ist man mit seinem Vortrag ein Vorbild. Diese Vorbildwirkung gerät jedoch schnell in eine Schieflage, wenn die Aussagen, die ja für unterschiedliche Zielgruppen gedacht sind, nicht mit der entsprechenden Kleidung unterstützt werden. Das heißt, wenn die Zielgruppe Führungskräfte sind, kann man als Frau nicht mit einer weißen Hemdbluse und mit Jeans auftreten, da dies eher der Bekleidung einer Sachbearbeiterin entspricht. Der eventuelle Blazer rettet die gewünschte Ausstrahlung dann auch nicht mehr. Männer haben es zwar mit dem Allzweckanzug etwas leichter, verderben den Eindruck aber oft mit den falschen Schuhen.

Auch wenn es in Ihrem Team, in dem Sie als Alltagsautorität gelten wollen, grundsätzlich kleidungstechnisch nicht allzu streng und förmlich zugeht, schadet es nicht, immer einen Tick besser gekleidet zu sein. Wenn alle Jeans anhaben, könnte das für Sie bedeuten, dass Sie eine Stoffhose tragen. Wenn alle T-Shirts anziehen, bevorzugen Sie hochwertige Polo-Shirts oder Hemden. Wenn alle mit einem Blaumann oder einem weißen, blauen oder grünen Kittel bekleidet sind, tragen Sie jeden Tag einen frischen und entsorgen ihn, wenn er einen Riss, ein Loch oder einen ähnlichen Schaden hat. In einer komplexen modernen Gesellschaft gewinnen Sie Autorität viel einfacher, wenn Sie deutliche Signale aussenden. Ihre Kleidung ist ein gutes Werkzeug dafür. Sie sollten sich in dem, was Sie tragen, wohlfühlen und gleichzeitig den Vorsprung nutzen, den Ihnen die entsprechende Garderobe geben kann. Zum einen sendet dieser „Tick mehr“ ein Signal aus, zum anderen unterstützt er Ihre Vorbildwirkung und hilft Ihnen gleichzeitig beim „Als-ob-Prinzip“. Ich höre immer wieder, dass meine Coachees beim Thema Kleidung sagen, dass sie sich nicht verbiegen wollen. Viele denken sofort nur in schwarz und weiß. Moderne zerrissene Jeans und schlabberiges T-Shirt stehen für schwarz, das teure Designer-Kostüm steht für weiß. Dazwischen gibt es jedoch viele Farben, wie das Beispiel T-Shirt versus Hemd oder Bluse zeigt. Ich werde häufig gefragt, ob man nicht auch gegen die Regeln verstoßen darf, um so zu bleiben wie man ist. Das darf man, immer. Es ist Ihre Entscheidung. Dabei sind jedoch einige

Aspekte zu beachten. Verstoßen Sie gegen die Regel erst, wenn Sie wissen, welche Wirkung Sie dadurch tatsächlich erreichen. Das könnte bedeuten, dass Sie sich bei einer guten Imagedesignerin einmal bestätigen lassen, was Sie heute mit Ihrem gewohnten Outfit und den Farben ausdrücken. Den Rebellen? Die Kreative? Die Strenge und Disziplinierte? Den Schlampigen und Unzuverlässigen? Wenn Sie wissen, welche Wirkung Sie auf andere Menschen haben, entscheiden Sie, ob Sie das so möchten. Elisabeth Motsch, Imageexpertin, sagt dazu: *„Kleidung kommuniziert nonverbal. Wenn Sie Ihre Persönlichkeit bewusst kleiden, die Dresscodes beachten, die Bedeutung der Farb- und Stilcodes, die Sie durch Ihre Kleidung aussenden, kennen, dann können Sie diese steuern und mit wenig Aufwand eine große Wirkung erzielen.“* Imageberater sind übrigens nicht nur den Vorständen, Chefinnen, Politikerinnen oder Wirtschaftsbossen vorbehalten. Sie sind für jeden da, der etwas mehr aus seinem Typ machen will. Und sie sind bezahlbar.

Ich bin auch eine Regelbrecherin. Ich trage ausschließlich rote Kostüme und hohe Pumps. Das ist heute meine Marke. Um diese Marke aufzubauen, habe ich fast sieben Jahre gebraucht. Und gerade die Anfangszeit war sehr schwer. Man braucht ein dickes Fell, um konsequent gegen die Regeln zu verstoßen oder man muss bei einer der anderen vier Zutaten doppelt so gut beziehungsweise hundert Prozent überzeugend sein. Dabei dauert es schon mal länger, das eine oder andere Ziel zu erreichen. Auch heute passiert es mir noch, dass ich einen Auftrag nicht bekomme, weil ich die Regeln breche. Aber ich weiß, dass ich viele Aufträge gerade deshalb erhalte, weil ich „rot“ als Marke habe und zu 100% konsequent trage. Ich hebe mich damit von meinen fast 40.000 (in Worten: vierzigtausend!) Kolleginnen und Kollegen im deutschsprachigen Raum ab. Das hat seine Vorteile, besonders dann, wenn Sie das Ziel, als Marke in Erinnerung zu bleiben, erreicht haben. Wenn Sie das möchten, brechen Sie die Regeln. Wenn Sie es am Beginn Ihres Weges zu Ihrer persönlichen Alltagsautorität etwas einfacher haben wollen, halten Sie sich an die Regeln. Sie entscheiden.

Nutzen Sie die Möglichkeiten, die Ihnen Kleidung gibt. Sogar kleine Kinder wissen schon: „*Kleider machen Leute.*" Dazu eine kurze Anekdote aus Facebook: „*Ein Kollege von mir in dunklem Anzug, weißem Hemd und roter Krawatte ging bei einem Discounter einkaufen, bevor er zu einem wichtigen Termin musste. Beim Ausgang traf er einen kleinen Jungen von vielleicht fünf Jahren, der ihn mit großen Augen ansah. Jener Kollege grüßte ihn deshalb mit einem Lächeln beim Vorbeigehen. Worauf der Junge ihn fragte: „Bist du ein Bürgermeister?" Was doch so eine rote Krawatte ausmacht. Oder vielleicht war es auch der dunkle Anzug. Wer weiß?*

Sie haben alles, was Sie brauchen, um eine Autorität in Ihrem Umfeld und darüber hinaus zu sein. Wenn es Ihnen bisher schwerfiel, diese Autorität auszuüben, dann nutzen Sie die fünf Zutaten, welche Ihnen helfen, die anderen davon zu überzeugen. Los geht's!

12. Anstoß: Keine Angst vor der Angst – Sorge dich nicht, lebe!

Fürchten Sie sich? Haben Sie vor etwas wirklich große Angst? Ich schon, ich fürchte mich vor hohen Treppen. Kennen Sie die Porsche-Arena in Stuttgart? Jedes Jahr im Oktober bin ich dort bei einer Veranstaltung. Ganz oben, von der Bühne unten aus gesehen, treffen sich die Teilnehmerinnen und Teilnehmer zum Essen. Die Veranstalter und Referenten tauschen sich dort oben aus und man trifft viele liebe Kolleginnen und Kollegen. Im Laufe der Veranstaltung gibt es fünf Pausentreffen, alle sind also fünfmal nach oben unterwegs und wenn sie oben sind, müssen sie natürlich auch wieder hinunter, wenn es mit dem Programm weitergeht. Es sind immer einzelne Treppenabschnitte von gefühlten dreißig bis fünfunddreißig Stufen. Einzelne Abschnitte haben einen Handlauf, an dem man sich festhalten kann, andere nicht. Die Stufenabschnitte hochzugehen, ist schon eine enorm große Herausforderung für mich, sie anschließend wieder hinunterzugehen, ist für mich der blanke Horror. Ich bin jedoch sehr ehrgeizig und vereinbare deshalb jedes Jahr mit mir, dass ich mindestens dreimal hinuntergehe, dreivon fünfmal. Dabei achte ich normalerweise sehr darauf, dass ich nichts in den Händen halte, denn dann wird dieser Versuch … – unbeschreiblich! Letztes Jahr stand ich wieder oben, am Anfang dieser Stufen und hatte noch etwas zum Essen in der Hand. Es war das erste Mal an diesem Tag, dass ich hinuntergehen wollte. Ich setzte vorsichtig einen Fuß auf die erste Stufe. Dann versuchte ich, den zweiten Fuß nachzuziehen und abzusetzen. Geschafft. Zweite Stufe. Geschafft. Dritte Stufe. Geschafft. Nächste Stufe. Geschafft. Bei der fünften Stufe sah ich auf, um zu sehen, wann der Handlauf endlich kam. Sofort drehte sich die gesamte Arena. Der Handlauf war noch Lichtjahre entfernt. Mir wurde schlecht.

Ich konnte die Beine nicht mehr bewegen. Ich konnte nicht mehr aufrecht stehen. Gleich würde ich einfach vornüberkippen. Ich wackelte hin und her ... und riss mich zusammen. „Setz' dich einfach hin, befahl ich mir. Los jetzt, mitten auf die Treppe." Langsam ließ ich mich auf meinen Hintern fallen. Jetzt kann nichts mehr passieren. Ich schloss die Augen und beruhigte mich. Als mein Herzrasen nachließ und ich die Augen wieder öffnen konnte, ohne dass sich alles drehte, verzehrte ich das Stück Breze in meiner rechten Hand und trank den Cola-Becher in meiner linken Hand aus. Den Becher verstaute ich dann in meiner Umhängetasche. Anschließend traf ich wieder eine Vereinbarung mit mir: Ich bleibe jetzt noch fünf Minuten sitzen, danach stehe ich langsam auf und gehe die Treppen bis zum nächsten Handlauf. Wenn es gar nicht geht, bitte ich die Menschen auf den ersten Sitzen unmittelbar an den Stufen rechts und links, dass sie mir ihre Hand geben. Peinlich wäre es schon, aber ich komme diese Stufen hinunter. Es hat geklappt, auch ohne die Hände der anderen Gäste, langsam und mit vielem guten innerlichen Zureden. Es hat auch noch die anderen beiden Male an diesem Tag geklappt, getreu meiner Vereinbarung mit mir, drei von fünf Malen diese Treppen hinunterzugehen. Deal ist Deal. Die beiden anderen Male achtete ich wieder darauf, nichts in der Hand zu haben. Diese Angst heißt in der Fachsprache übrigens „Bathophobie".

Vielleicht haben sich, liebe Leserinnen und Leser, beim Lesen meines Erlebnisses in der Porsche-Arena ihre Nackenhärchen aufgestellt und Sie haben bemerkt, dass Ihr Puls schneller ging. Vielleicht ist Ihnen aber auch Ihre „Phobie", also die Situation, in der Sie unglaubliche Angst haben, eingefallen. Eine ehemalige Mitarbeiterin von mir schrie sofort mit einem spitzen Schrei los, so, wie man das immer in Horrorfilmen sieht, wenn eine Spinne oder ein Käfer vor ihr über den Tisch oder das Fensterbrett lief und bevor ein Kollege oder ich das „Untier“ nicht beseitigt hatten, blieb sie stocksteif stehen und wurde verbal immer lauter. Vielleicht mögen Sie aber auch keine geschlossenen engen Räume und vermeiden deshalb Aufzüge. Es gibt viele Arten von Phobien. Laut der Internetseite von Norbert Preetz[12], einem Hypnosetherapeuten und promovierten Psychologen, gibt es 534 unterschiedliche Phobien.

Was uns hemmt, …

Persönlich bin ich, von meiner Treppenangst einmal abgesehen, ein recht mutiger Mensch und fürchte mich so schnell vor nichts. Das war auch schon anders. Denn meiner Meinung nach gibt es etwas, das schlimmer ist, als Angst vor Treppen und das sind Sorgen. Sich Sorgen zu machen und sich dabei vor dem nächsten Tag oder vor dem nächsten Schritt zu fürchten, ist aus meiner persönlichen Erfahrung gravierender. Sich Sorgen zu machen, unterscheidet sich meiner Ansicht nach auch stark von der Angst vor Treppen, Hunden oder Höhen und zwar durch einen wichtigen Umstand. Wahrscheinlich haben Sie sich bei meiner Geschichte eingangs gefragt, wie ich die beiden anderen Male von oben wieder hinunterkam, ganz einfach, ich bin mit dem Aufzug gefahren. Das ist zwar umständlicher und dauert um einiges länger, aber es ist grundsätzlich möglich, mit dem Aufzug von oben nach unten zu kommen. Ich muss die Treppen nicht gehen, ich kann den Aufzug nehmen. Gut, ich habe meinen Deal mit mir, aber das ist meine freie Entscheidung. Man kann Hunden ausweichen und an der See Urlaub machen, anstatt in den Bergen. Ob das bei allen Phobien so einfach ist, weiß ich nicht und wahrscheinlich ist es das Beste, einen Spezialisten aufzusuchen, wenn man wenige Ausweichmöglichkeiten hat oder sie nicht mehr nutzen möchte.

Doch in diesem Kapitel geht es mir mehr um die Sorgen, die wir uns immer wieder machen: Sorgen um unseren Arbeitsplatz, Sorgen um unsere Kinder, Sorgen, dass wir den Auftrag nicht bekommen, Sorgen, dass uns unser Partner verlässt, all diese Alltagssorgen, die uns oft das Lächeln aus dem Gesicht wischen, die uns auch schon mal nicht schlafen lassen, all die täglichen Sorgen, die uns hemmen und uns viel Energie kosten.

Diese Sorgen lähmen uns und machen uns passiv. Sie hindern uns, über unseren Schatten zu springen, weil wir glauben, dass wir dabei ins bodenlose Unbekannte fallen. Wir sind in diesem Moment froh, uns nur innerhalb unserer Komfortzone zu bewegen, denn da kennen wir uns aus. Das heißt nicht, dass wir uns deswegen weniger Sorgen machen, im Gegenteil, doch diese Sorgen kennen wir. Es sind liebgewordene Bekannte. Was wir dabei nicht merken, ist, dass sie uns tagtäglich sehr viel Kraft kosten, ja sie fressen uns regelrecht auf.

Unsere Sorgen verfolgen uns direkt. Sie hindern uns nicht nur daran, über unseren Schatten zu springen und neue Herausforderungen anzugehen, sondern sie stehlen uns auch die schönen Momente. Wenn wir gerade anfangen, uns zu freuen, vielleicht sogar zu einem Lächeln ansetzen – schon springen sie uns an. Dabei flüstern sie uns zu: *„Du hast nicht zu lachen, du hast so viele Probleme, um die du dich kümmern musst. Hör auf zu lachen und dich zu freuen.“* Und schon stöhnen wir innerlich auf und der schöne Moment ist an uns vorbeigegangen. Fast so, wie wenn ein Wasserhahn tropft. Sicherlich kennen Sie die Situation, Sie lesen gerade ein Buch oder sitzen beim Essen, alles ist ruhig und plötzlich: „plong, plong“. Dann ist Ruhe. Sie fangen gerade an, sich wieder zu entspannen und sich Ihrem Buch oder Essen zuzuwenden … „plong, plong". Und das geht so lange, bis Sie sich nicht mehr auf das Buch konzentrieren können, weil Sie nur noch darauf warten, das es wieder „plong" macht. Dabei hoffen Sie gleichzeitig, dass es aufhört und irgendein Geist dem Wasserhahn den Hals zudreht oder das Wasser einfach ausgeht. Irgendwann legen Sie das Buch weg und springen entnervt auf, um die Wasserleitung richtig zuzudrehen. Dafür gibt es eine wissenschaftliche Bezeichnung: Der Zeigarnik-Effekt. Bljuma Zeigarnik war eine russische Psychologin. Sie hatte das Phänomen untersucht, dass wir uns an Aufgaben, die wir noch nicht abgeschlossen haben, besser erinnern als an Aufgaben, die bereits erledigt sind. Jochen Mai von dem Portal die Karrierebibel beschreibt die Wirkung dieses Phänomens so: *„Vereinfacht gesagt: Wenn wir eine Herausforderung vor uns haben, bauen wir geistige Spannung auf – und diese löst sich erst dann, wenn wir die Aufgabe gemeistert haben. Andernfalls bleibt diese Spannung bestehen und sorgt dafür, dass uns die lästige Aufgabe weiter und weiter im Gedächtnis herumspukt, uns nachts um den Schlaf bringt und morgens noch vor dem ersten Kaffee an den Papierstapel auf dem Schreibtisch denken lässt."*

Die Wirkung von Sorgen ist ein Vielfaches davon, die Spannung ist irgendwann so stark, dass wir *„vor Sorge krank werden"*, wie schon der Volksmund sagt. Genau, das ist mir im Leben auch schon das eine oder andere Mal passiert. Sie erinnern sich noch an meine Zeit der Arbeitslosigkeit. Die Sorgen haben mich damals regelrecht aufgefressen. Ich konnte nicht mehr schlafen, nicht mehr richtig essen und wenn, dann nur Süßigkeiten, die ich eher in mich hineinstopfte und andererseits verbrachte ich die meiste Zeit untätig auf der Couch. Ich war nahe daran, schwer depressiv zu werden. Vielleicht war ich es auch schon. Doch viel wichtiger ist: Wie bin ich wieder aus dieser Situation herausgekommen? Wie habe ich es geschafft, mich für ein Studium zu entscheiden und die dafür nötigen Schritte in Angriff zu nehmen?

Sorgen Sie für einen Plan B!

Der Grund, warum uns unsere Sorgen „so krank machen", ist unsere Vorstellungskraft. Unsere Fantasie entwickelt ein Schreckensbild nach dem anderen. Ich stellte mir vor, dass ich ohne Arbeit kein Geld mehr habe. Ohne Geld konnte ich nichts mehr für mich und die Kinder kaufen, keine Nahrungsmittel, keine Kleidung und nichts mehr für die Schule. Ich wollte das Haus nicht verlieren, in dem wir zur Miete wohnten. Doch ohne Gehalt konnte ich auch die Miete nicht mehr bezahlen. Wir würden auf der Straße stehen. Obdachlos mit drei Kindern. Ich war kein Anfänger, wenn es darum ging, mir die schrecklichsten Bilder auszumalen. Da war ich Profi. Dann fiel mir ein Buch in die Hand, das mir einen Ausweg zeigte: „Sorge dich nicht, lebe!" von Dale Carnegie.

Durch das Buch lernte ich, mir einen Plan B zu machen. Wenn wir über unsere Sorgen nachdenken, handeln wir ähnlich, wie wenn wir über unsere Träume nachdenken. Wir sehen uns immer am Ende des Weges, dadurch werden manche Träume zu Schäumen und unsere Sorgen zu Katastrophen. Meine Katastrophenvorstellung war: Ich kann meine Miete nicht mehr bezahlen und sitze mit drei kleinen Kindern obdachlos unter der Brücke. Aber dazwischen gibt es viele, viele Stationen.

Dale Carnegie sagt: *„Für Plan B musst du herausfinden, was die realistisch schlimmste Option ist und was du tust, wenn die schlimmste Option eintritt."* Um das für meine Situation herauszufinden, stellte ich mir die von Dale Carnegie empfohlenen Fragen:

Frage: Was passiert im Fall, dass ich meine Miete nicht mehr bezahlen kann?

Antwort: Ich muss ausziehen.

Frage: Wohin? Unter die Brücke?

Antwort: Nein, in eine kleinere Wohnung?

Frage: Ist das das Schlimmste, was mir passieren kann?

Antwort: Nein, das Schlimmste ist, dass ich keine Wohnung bekomme, weil ich arbeitslos bin?

Frage: Lande ich jetzt unter der Brücke?

Antwort: Nein, ich gehe zum Wohnungsamt und beantrage eine Sozialwohnung.

Frage: Ist das das Schlimmste, was mir passieren kann?

Antwort: Nein, das Schlimmste ist, dass ich eine viel zu kleine Wohnung in einem sozial auffälligen Plattenbaugebiet bekommen werde.

Frage: Kann es noch schlimmer werden? Musst du da zum Beispiel den Rest deines Lebens bleiben?

Antwort: Nein, irgendwann finde ich wieder eine Arbeit und dann kann ich wieder umziehen.

Frage: Das Schlimmste, was also passieren kann, ist, dass du in einer zu kleinen Sozialwohnung landest und dort einige Jahre verbringen musst. Stirbt dadurch jemand?

Antwort: Nein.

Frage: Wird deshalb jemand ernsthaft krank?

Antwort: Nein.

Abschlussfrage: Was ist dann also dein Plan B?

Antwort: Mein Plan B ist: Wenn ich keine Arbeit finde und das Arbeitslosengeld nicht reicht, ziehe ich in eine kleinere Sozialwohnung und lebe dort mit meinen Kindern, bis ich einen Weg gefunden habe, diese Situation zu ändern. Niemand wird ernsthaft krank und niemand stirbt.

So fing ich an, mir stets, wenn ich das Gefühl hatte, die Sorgen kommen zurück und fressen mich auf, einen Plan B zu machen. Ich habe schon eine ganze Reihe solcher B-Pläne gemacht und jedes Mal, wenn die Sorgen mich wachhielten, dachte ich an meinen Plan B. Denn ich lernte mit der Zeit, dass auf die Frage „Wird jemand sterben oder sehr krank dabei werden?", immer die Antwort kam: „Nein".

Bis auf ein Mal. Damals erkrankte ich ernsthaft und wenn alle Untersuchungen mit einem negativen Ergebnis abgeschlossen werden würden und keine Medikation helfen würde, dann würde ich tatsächlich sterben. Wenn also die schlimmste aller Antworten kommt, gibt es dann einen Plan B? Ja, den gibt es. Mein Plan B war, ein Testament zu machen und festzulegen, wer sich um meine Kinder kümmern wird, wenn dieser allerschlimmste Schritt eintreffen würde. Die gute Nachricht ist, in all den Jahren habe ich niemals einen Plan B umsetzen müssen. Aber meine B-Pläne haben mir geholfen, schlafen zu können, wenn der Lebenswind sehr rau wehte. Sie haben mich gelehrt, zu erkennen, was unabänderlich ist, und mich deshalb konstruktiv mit dieser Tatsache auseinanderzusetzen. Sie haben mir geholfen, Gelassenheit zu lernen und sie haben mir geholfen zu erkennen, was Probleme sind, die gelöst werden müssen und gelöst werden können und was Sorgen sind; nicht sofort, aber mit der Zeit. Das ist ein feiner, aber sehr wichtiger Unterschied.

Es gab noch etwas, das mir damals, als ich das Buch „Sorge dich nicht, lebe!“ kennengelernt hatte, sehr geholfen hat. Ich las jeden Morgen ein Kapitel darin – und zwar immer das gleiche Kapitel, eine Woche lang. In dieser Woche konzentrierte ich mich nur auf die Aufgabe des jeweiligen Kapitels. Das hat mehr als ein halbes Jahr gedauert und es hat mich verändert, stark verändert. Ich habe gelernt, Unvermeidliches zu akzeptieren. Ich habe aber auch gelernt, dass die Dinge, um die ich mich heute nicht kümmere, meine Sorgen von morgen sind. Ich habe gelernt, Entscheidungen zu treffen und zu ihnen zu stehen. Und ich habe gelernt, dass ich für die meisten Dinge, die in meinem Leben passieren, die Verantwortung trage. Das bedeutet aber auch, dass ich sie jederzeit ändern kann. Mehr dazu erfahren Sie im nächsten Kapitel.

Wenn Sie zurzeit in einem Kokon von Sorgen und Ängsten gefangen sind, suchen Sie sich ein Buch, das Ihnen helfen könnte, einen Ausgang zu finden, so dass Sie als Schmetterling aus dieser Krise herauskommen. Das kann das Buch von Dale Carnegie sein oder eines der Bücher von Jack Canfield aus der Reihe „Hühnersuppe für die Seele“ oder ein ganz anderes, wie zum Beispiel „Management – Von den Besten lernen“ von Frank Arnold. Es ist auch in wunderbare Kapitel aufgeteilt, die sich dafür eignen, jeden Morgen eines eine Woche lang zu lesen. Ich werde in meinen Blog noch weitere Empfehlungen einstellen. Wenn Sie eine Empfehlung haben, liebe Leserinnen und Leser, stelle ich diese auch gerne in meinen Blog.

Der nächste Schritt

Mache ich heute noch einen Plan B? Ganz, ganz selten, höchstens dann, wenn ich in eine Situation gerate, die mir bisher unbekannt war. Das kommt nicht mehr so oft vor, doch damit mich auch in solch einer Situation die Sorgen nicht überrollen, trotz aller Lebenserfahrung, hilft mir ein Plan B, der Realität ins Auge zu sehen und nicht der Fantasie.

Klappt heute alles bei mir? Auf gar keinen Fall. Es gibt weiterhin tiefe Tiefen und hohe Höhen. Das kann ich nicht absolut ändern, besonders da ich es auch liebe, immer wieder neue Wege zu gehen und mich auf Abenteuer einzulassen, zum Beispiel auf das Abenteuer dieses Buchs. Dabei kann ich mein Bestes geben, das heißt aber nicht, dass es allen gefallen wird. Das gilt für alle Situationen, in denen wir handeln, wir können unser Menschenmöglichstes geben, damit das beste Ergebnis eintritt – doch es wird immer wieder passieren, dass es nicht klappt. Das Gute ist: Meistens wird es funktionieren und das eine oder andere Mal wird es sogar viel besser werden, als wir es uns vorgestellt haben. Jetzt stellt sich die Frage: Wie gehen Sie mit dieser unbekannten Zukunft um? Sie können sich Sorgen machen oder auch nicht. Am Ergebnis wird es nichts mehr ändern, nachdem Sie die Aufgabe abgeschlossen haben.

Vor einiger Zeit hatte ich die Aufgabe, einen sehr lieben Freund zum Flughafen zu bringen. Aus diversen Gründen waren wir spät dran. Es bestand also die Möglichkeit, dass er den Flieger versäumen würde. Wir starteten und ich gab mein Bestes, im Rahmen der Straßenverkehrsordnung und der persönlichen Vernunft, noch rechtzeitig anzukommen. Plötzlich fing mein lieber Freund an, sich auszumalen, was alles passieren könnte. Da sein Flugziel wie immer in den USA lag, hatte er sich im Laufe der Jahre „seinen“ Sitzplatz erarbeitet, auf dem er die lange Flugzeit von mehr als zehn Stunden gut überstand und die Zeit soweit wie möglich ungestört und arbeitend verbringen konnte. Sein Lieblingssitz ist in einer Boeing 747 die Nummer 64K. Es fing also ein Jammern und Stöhnen an, das sich ungefähr so anhörte: *„Weil wir so spät sind, werde ich bestimmt meinen Lieblingsplatz verlieren, wenn ich das Flugzeug überhaupt noch erreiche. Sicherlich werde ich dann irgendwo sitzen müssen. Ach, viel schlimmer, ich werde das Flugzeug überhaupt nicht mehr erreichen. Und das nächste geht erst so spät, dass ich meinen Anschlussflug in London auch nicht erreiche, obwohl ich ein großes Zeitfenster eingeplant habe. Und wenn der Anschlussflug in London weg ist, dann muss ich zwei Tage warten, bis der nächste geht. Und meine Termine werden alle gecancelt werden …“*

Da war sie wieder, diese Fähigkeit, die wir alle haben, uns die schrecklichsten Szenarien auszumalen, die passieren könnten, wenn …

Nun, ich kenne ihn sehr gut und gab mein Bestes, aber es war ein verkehrsreicher Tag und die Gefahr, dass der Flieger ohne ihn losfliegen würde, durchaus gegeben. Das belastete mich auch. Und so platzte mir der Kragen. Ich schimpfte los: *„Wie wäre es, wenn du dir vorstellen würdest, dass du den Flieger gerade noch in letzter Minute erreichen wirst? Du wirst direkt mit deinem Gepäck, nach dem Sicherheitscheck, schnurstracks ans Flugzeug gebracht. Die Stewardess übergibt deine großen Koffer am Flugzeug* *einem Mitarbeiter, der sie noch einlädt. Danach sagt sie dir, dass dein Platz zwar belegt sei, aber du deshalb ein Upgrade in die erste Klasse bekommst, einen wunderbaren Platz mit viel Bewegungsfreiheit und viel Ruhe zum Arbeiten. Aber das Tollste kommt noch, in London, wo du den Flieger natürlich erreichst, gilt das Upgrade auch für diesen Flieger und du hast eine traumhafte Reise, die schönste überhaupt in den letzten zehn Jahren.*“ Eine Minute herrschte absolute Stille. – Dann meinte er: *„Das passiert bestimmt nicht!*“ So verbrachten wir den Rest der Fahrt zum Flughafen damit, darüber zu diskutieren, warum seine negative und sorgenvolle Vorstellung eher eintreffen sollte als meine positive und „rosarote“ Vorstellung.

Wie es wirklich kommen wird, wissen wir nicht. Das werden wir tatsächlich erst erfahren, wenn er im Flieger sitzt oder eben nicht. Warum müssen wir uns die Fahrt dahin mit Schreckensszenarien verderben? Wir können doch entweder über eine ganz andere Sache sprechen und abwarten oder wir können uns alles auch in „rosaroten“ Farben ausmalen. Es war eine sehr angeregte Diskussion. Irgendwann waren wir dann da. Mein Tag war sehr mit Terminen vollgepackt und weil ich schon etwas knapp für das nächste Meeting war, verabschiedete ich mich kurz und fuhr zurück ins Büro. Ich war noch nicht ganz im Büro angekommen, als mein Handy klingelte. Mein lieber Fahrgast war dran und sagte nur ein Wort: „Upgrade.“ Es war sein erster Flug in der ersten Klasse nach San Francisco! Wir haben sehr gelacht und ich habe mich unglaublich für ihn gefreut.

Mittlerweile nehmen wir Last-Minute-Fahrten zum Flughafen als gutes Omen, die jedoch glücklicherweise nicht so oft vorkommen. Bisher gab es auch kein weiteres Upgrade mehr, aber der Hinweis darauf ist eine gute Möglichkeit, sich keine Schreckensszenarien auszumalen, sondern lieber „rosarote“ Wolken. Die Situation an sich können wir sowieso nicht ändern, außer wir sind im Vorfeld rechtzeitig losgefahren. Mittendrin ist es, wie es ist.

Heute ist es meine Art, dass ich – wenn ich mir schon eine ungewisse Zukunft ausmale –, diese so gut wie möglich gestalte, diese Freiheit nehme ich mir. Werde ich dabei auch enttäuscht? Ja, sicher. Aber die Zeit bis zur Gewissheit, wie es werden wird, ist viel angenehmer. Und es hindert mich nicht, so oft wie möglich mein Bestes zu geben. Lieber aktiv auf die Situation zugehen und alles dafür tun, dass die Situation zu einem guten Ergebnis kommt, als passiv darauf zu warten, wie ein Schaf der Schlachtbank zugeführt zu werden.

Probieren Sie es einfach einmal aus. Ich glaube nicht wirklich, dass meine positiven Gedanken am Ergebnis der Situation etwas ändern. Das gilt jedoch für beide Möglichkeiten, die guten wie die schlechten. Also, sorgenvolle Gedanken machen das tatsächliche Ergebnis nicht besser und rosarote Gedanken können das ebenfalls nicht. Aber eines können die rosaroten Bilder bewirken, dass ich die Zeit bis dahin sorgenfrei verbringe. Das bedeutet aber auch, das Hier und Jetzt so effektiv wie möglich zu nutzen und die Chancen zu erkennen, in denen ich die Stellschrauben für ein gutes Ergebnis drehen kann.

Sorgenfreie Tage …?

In meinen Trainings frage ich meine Teilnehmer gerne nach den beiden Tagen in der Woche, an denen sie sich keine Sorgen machen müssen. Alle überlegen dann fieberhaft und es kommt eine Reihe von Vorschlägen. Gerne gebe ich diese Frage auch an Sie, liebe Leserinnen und Leser. An welchen zwei Tagen in der Woche brauchen Sie sich keine Sorgen zu machen?

Die meisten antworten mit: Samstag und Sonntag. Das liegt daran, dass für viele die Arbeitswoche von Montag bis Freitag geht und einige Teilnehmerinnen und Teilnehmer ihre Sorgen stark mit dem Arbeitsleben verbinden. Was dafür spricht, über das aktuelle Arbeitsleben einmal intensiv nachzudenken. Doch die Antwort ist nicht richtig.

Dann kommen die einzelnen Wochentage dran, zum Beispiel Montag und Dienstag. Die Begründungen dafür sind vielfältig und meistens im persönlichen Umfeld entstanden. Sie sind aber auch nicht richtig.

Darauf folgen Feiertage wie Weihnachten, Silvester oder der eigene Geburtstag. Eine nette Idee – aber wiederum nicht richtig.

Welche haben Sie notiert?

Die beiden Tage, um die Sie sich keine Sorgen machen sollten, sind gestern und morgen.

Für das Morgen haben Sie bereits einige Tipps und Techniken wie den Plan B oder eine positive Vorstellung des unbekannten Ergebnisses erhalten. Schauen wir uns nun das Gestern an.

Sich um das Gestern zu sorgen, ist Energieverschwendung. Es ist vorbei, Sie können nichts mehr daran ändern. Alles, was Sie gestern getan haben, ist abgeschlossen. Sie können die E-Mail nicht mehr zurückholen, die Sie gestern versandt haben. Sie können die Worte, die Sie gestern gesagt haben, nicht mehr zurücknehmen. Sie können den Termin, den Sie gestern versäumt haben, nicht doch noch wahrnehmen. Im Grunde genommen ist das nichts Neues und trotzdem ist ein großer Teil der Sorgen mit dem Gestern verknüpft. *„Ach, hätte ich doch bloß gestern angerufen“* oder *„Wieso konnte ich nicht eine Nacht über meine Antwort-E-Mail schlafen?“* Vorbei! Das mag sich herzlos lesen, doch es ist eine Tatsache und je eher Sie sie wirklich akzeptieren, desto eher können Sie sich auf die Möglichkeiten besinnen, die Sie heute haben. Es gibt wenige Dinge, die wir nicht mit einer ernst gemeinten Entschuldigung wieder in Ordnung bringen können oder zumindest in einen neutralen Bereich, also zurück auf „0", um dann die Aufgabe mit mehr Energie oder mehr Wissen oder Sorgfalt erneut anzugehen. Lesen Sie dazu eventuell nochmals das Kapitel 7, in dem es um die erfolgreiche Art der Entschuldigung geht. Gerade in Beziehungen mit Menschen ist das ein guter erster Schritt, danach sollte echtes Interesse an einer Verbesserung folgen und anschließend sollte man dranbleiben und durchhalten. Manchmal muss man etwas länger beweisen, dass man es verstanden hat und sich wirklich verändern will.

Wenn Ihre Sorge von gestern dadurch nicht zu lösen ist, machen Sie sich heute Gedanken, was Sie heute tun können, um den Schaden zu begrenzen. Unter Umständen erstellen Sie zuerst Ihren Plan B und dann legen Sie los. Heute ist der Tag, an dem Sie vieles noch einmal verändern oder sogar das Ruder herumreißen können. Wenn es einen Tag gibt, an dem es überhaupt sinnvoll sein könnte, sich zu sorgen, dann wäre das heute. Ihr Heute braucht Ihre volle Aufmerksamkeit und Ihren vollen Einsatz.

Doch wenn Sie Ihre Energie und Tatkraft dafür verschwenden würden, um sich über das Morgen zu sorgen, wäre es sinnlos. Damit es keine Missverständnisse gibt, ich meine nicht, dass Sie nicht für ein Morgen vorsorgen sollen. Ich hatte das Glück, sowohl meine Großmutter wie auch meine Ex-Schwiegermutter in ihren letzten sieben Lebensjahren, die sie bei mir und meinen Kindern verbracht haben, begleiten zu können. Eine hatte ein gute Rente und die andere eine, die weit unter dem, wie sagt man heute so schön, Hartz-IV-Regelsatz lag. Ich habe erlebt, was das für die jeweilige Oma bedeutete. Vorsorge heißt aber nicht, vor Sorge krank zu werden. Vorsorge heißt, heute darüber nachzudenken, was ich tun kann, damit ich später keine Probleme habe. Das gilt sowohl für Ihre Gesundheit wie für Ihre Rente, aber auch für Ihren Umgang mit Ihren Kunden, Ihrem Lebenspartner oder Ihren Kindern.

Sich nur zu sorgen wäre eher „sich hinter der Sorge zu verstecken“, als tatkräftig etwas für die Zukunft zu tun. Dazu gehört auch, sich bei entsprechenden Experten Hilfe und Tipps zu holen, wenn Sie heute erkennen, dass Sie nicht genau wissen, welchen Einfluss Ihr Verhalten auf morgen hat.

Viele von Ihnen, liebe Leserinnen und Leser, sind wahrscheinlich Dienstleister. Sie werden also von anderen gefragt, wie diese Ihre Dienstleistung, also das, was Sie am besten können, für sich selbst am effektivsten nutzen können. Interessant finde ich, dass gute Dienstleister für sich persönlich oft eher alles selbst lösen wollen, anstatt Expertinnen und Experten aus anderen Gebieten zurate zu ziehen. Doch das ist genau das, was Sie heute tun können. Dann brauchen Sie sich keine Sorgen um das Gestern oder das Morgen zu machen.

Zum Schluss noch eine Geschichte als Beispiel für eine „Sorge um gestern“. Manchmal sind wir viele Jahre verzweifelt und in Sorge, weil wir uns „gestern“ einer Person gegenüber nicht so verhalten haben, wie wir es heute wahrscheinlich tun würden. Doch heute haben wir keine Gelegenheit mehr dazu.

In meiner Kindheit und Jugend gab es eine Person, die mich wirklich gernhatte und sich im Rahmen ihrer Möglichkeiten um mich gekümmert hat, auch wenn das sehr große Einschränkungen für diese Person selbst bedeutete und ich das als Kind und Jugendliche nicht wirklich zu schätzen wusste. Das war mein Großvater. Ich hatte ihn wirklich gern und ich denke auch heute noch immer voller Liebe und sehr wehmütig an ihn. Ungefähr ein Jahr bevor er starb, wurde er sehr krank und kam ins Krankenhaus. Dort verbrachte er immer wieder Wochen, dann war er wieder zu Hause, dann erneut im Krankenhaus. So ging es die ganze Zeit. Dieses Jahr wäre meine Chance gewesen, ihm alles, was er mir gegeben hat, zurückzugeben. Diese Chance habe ich aber nicht genutzt. Dafür gab es eine Reihe von guten Gründen, dennoch hat mir diese Situation viele Jahre sehr zu schaffen gemacht. Ich habe mich viel um dieses „Gestern“ gesorgt. Doch es war vorbei. Meine Chance lag nur im Heute und als seine Frau, also meine Oma, dann nicht mehr allein leben konnte, habe ich sie zu mir geholt, obwohl meine Beziehung zu ihr sehr, sehr viel weniger herzlich war als zu ihm. Das war meine Chance, im Heute das Richtige zu tun.

Mir hat diese Möglichkeit sehr geholfen. Wenn Sie sich in einer ähnlichen Situation befinden, dann schauen Sie sich um. Wem können Sie etwas zurückgeben, das Sie von einer ganz anderen Seite erhalten haben und dort eben nicht mehr zurückgeben können? Dabei geht es nicht um große Dinge, sondern auch um kleine alltägliche Aufmerksamkeiten wie regelmäßige Telefonate oder Besuche bei einer älteren Nachbarin oder einem älteren Nachbarn.

Wenn das nicht möglich ist, dann schreiben Sie der Person, bei der Sie das Gefühl haben, etwas nicht in Ordnung gebracht zu haben, einen Brief. Schreiben Sie sich alles vom Herzen. Wir wissen nicht, wie die Zusammenhänge zwischen Menschen, die verstorben sind und Menschen, die noch da sind, wirklich sind. Vielleicht gibt es da gar nichts mehr, vielleicht aber doch, da wir es nicht wissen, können Sie ja wieder die „rosarote“ Brille aufsetzen und dann schreiben Sie Ihren Brief. Und wenn Sie alles in Ordnung gebracht haben, dann verbrennen Sie diesen Brief entweder am Lieblingsort dieser Person oder an dessen Grab oder an

Ihrem Lieblingsort. Einfach da, wo Sie das Gefühl haben, hier passt es.

Und dann lassen Sie los. Diese Sorge ist mit Ihren Worten in die Atmosphäre aufgestiegen und wird ihren Weg finden. Doch Sie werden hier gebraucht, hier bei all denen, die noch da sind und dabei ist es wichtig, dass Sie mit Ihrer ganzen Energie, Ihrer ganzen Wachsamkeit und Ihrem ganzen Wissen im Hier und Jetzt, also im „Heute“ sind.

Während ich die Korrekturen zum Manuskript meines Buchs nach und nach einpflegte, hatte ich die Gelegenheit, eine Veranstaltung des Dalai Lama in Frankfurt zu besuchen. Ich war sehr beeindruckt von seinen Worten und seiner Weltansicht. Am Ende seiner Rede verbrachte er eine gute Stunde damit, die Fragen der Anwesenden zu beantworten. Diese traten nach und nach an zwei Mikrofone, welche dafür im Raum aufgebaut waren. Als dritter oder vierter kam ein Mann in den Dreißigern an die Reihe. Er erzählte, dass sein Sohn vor einiger Zeit bei einem Autounfall gestorben war und er und seine Frau seitdem mehr tot als lebendig sind. Und er würde gerne vom Dalai Lama wissen, was sie tun sollten. Der Dalai Lama bedauerte seinen Verlust und meinte, dass der Tod eines Kindes etwas sehr Schlimmes sei, auch wenn er als Buddhist glaubt, dass wir sowieso nur für eine Zeitspanne da sind, um dann in anderer Form wiederzukommen. Und er meinte auch und dabei lachte er, eine aus meiner Sicht sehr mutige Reaktion, dass er als Mönch nie in die völlig gleiche Situation kommen könnte, aber durchaus schon ausgesprochen wichtige Menschen verloren hat. Besonders der Verlust seines ersten Lehrers hätte ihm ebenfalls seine ganze Kraft genommen. Im ersten Moment, dann sei ihm bewusst geworden, dass er das, was er durch den Verstorbenen erfahren und gelernt hatte, jetzt an andere weitergeben sollte. Und das riet er auch dem Vater: Die Erfahrung und die Erkenntnisse daraus anderen Menschen in ähnlichen Situationen weiterzugeben oder in einem ganz anderen Bereich etwas für die Welt zu tun.

Doch sein wichtigster Hinweis kam am Schluss. Er meinte, er sei sich ganz sicher, dass der Sohn der Familie unter keinen Umständen wolle, dass seine Eltern so litten, dass sie nicht mehr wirklich im Leben sind. Er sei sich sicher, dass das Kind sich wünsche, dass es den Eltern gut gehe. So hatte ich seine Ausführungen verstanden. Er gab den Eltern praktisch die Erlaubnis, trotz des Schicksalsschlages leben zu dürfen und auch wieder zu lachen und sich zu freuen.

Auch ich bin davon überzeugt: Wenn sich Personen, die im Gestern wichtig für uns waren, etwas für uns wünschen, dann, dass es uns heute gut geht. Sie sind ein Schattenspringer und Sie haben es verdient, dass es Ihnen gut geht. Ich wünsche es Ihnen auch, von ganzem Herzen.

13. Anstoß: Jeden Tag zahlst du einen Preis – die Frage ist nur, welchen?

Eine Tüte Rauchmandeln geröstet und gesalzen kostet 2,99 Euro, eine Stunde Parken ohne Parkscheibe 15 Euro, ein paar Schuhe von Peter Kaiser 149 Euro, zumindest das Paar, welches ich gestern in der Hand hatte! Doch was kostet meine Entscheidung, heute, am Sonntagmorgen um neun Uhr aufgestanden zu sein? Was hätte es mich gekostet, wenn ich bereits um sechs Uhr aufgestanden wäre oder mich noch einmal umgedreht hätte und bis elf Uhr liegen geblieben wäre? Ich hatte die Wahl und habe mich für neun Uhr entschieden. Der dafür entstandene Preis ist schwer in Euro auszudrücken.

Sie haben die Wahl!

Spielen wir ein Gedankenspiel: Morgen ist Montag und Ihr offizieller Arbeitsbeginn ist um neun Uhr. Damit Sie pünktlich sind, klingelt Ihr Wecker um sieben Uhr. Sie wachen auf und hören den Regen an Ihr Dachfenster trommeln, laut trommeln. Es regnet offensichtlich stark. Gleichzeitig fällt Ihnen ein, dass Sie heute die Forecast-Zahlen für das nächste Quartal abgeben müssen. Dabei haben Sie letzte Woche drei Ihrer aussichtsreichsten Kunden nicht erreicht und werden diese auch erst morgen, Dienstag, wieder telefonisch antreffen, laut Auskunft der jeweiligen Assistenten. Diese drei Kunden wiederum würden Ihre Zahlen sehr gut aussehen lassen. Ohne die drei Aufträge sind sie eher unterdurchschnittlich. Es spricht alles dafür, heute „krank“ zu sein: der Regen, die Kunden, der Abgabetermin und das Klopfen in Ihrer linken Kopfhälfte, das von hinten hochzieht. Aber ein

„blauer Montag“ ist in Ihrem Unternehmen nicht gerne gesehen. Was werden Sie tun?

Aufstehen. Warum? Vielleicht antworten Sie ja so, wie vor einiger Zeit einer meiner Gesprächspartner. Nennen wir ihn Robert.

Robert: *„Ich habe keine Wahl. Ich muss um neun Uhr da sein.“* Warum?

Robert: *„Weil das von mir erwartet wird und ich ansonsten am Dienstag einen bösen Spruch von meinem Vorgesetzten höre. Außerdem macht man das nicht.“* Warum?

Robert: *„Ich habe keine Wahl.“*

Das sehe ich anders. Wir haben immer eine Wahl. Meiner Meinung nach stehen Robert drei Möglichkeiten zur Verfügung. Jede hat ihren Preis, aber alle drei sind möglich.

Erstens: Robert steht auf und geht in die Firma. Der Preis dafür ist: Er macht, was von ihm erwartet wird und fühlt sich dabei gut. Eventuell spricht er mit seinem Chef, ob er die Quartalszahlen am Dienstag abgeben kann, weil die zu erwartenden Aufträge die Zahlen des gesamten Teams besser aussehen lassen würden.

Zweitens: Robert ruft an und nimmt einen Tag Urlaub. Der Preis dafür ist: Eventuell ein kurzer Unmutsausdruck seines Chefs wegen der Kurzfristigkeit des Antrages und wegen der Zahlen, die heute fällig wären. Außerdem hat er dann natürlich einen kostbaren Urlaubstag weniger.

Drittens: Robert ruft an und sagt, er sei „krank“. Der Preis dafür ist: Sein Chef reagiert sauer und wird ihn das am Dienstag auch spüren lassen.

Roberts Hauptargument lautete: *„Das macht man nicht.“* Es wird von ihm erwartet, dass er kommt. Robert fällt nicht gerne unangenehm auf. Es ist seine Entscheidung und seine Wahl. Und das ist vollkommen in Ordnung.

Aber eines ist meiner Meinung nach ganz klar bei diesem Gedankenspiel herausgekommen: Robert hat viele Wahlmöglichkeiten, wahrscheinlich sogar mehr als ich hier beispielhaft aufgeführt habe. Aber Robert will nicht jeden Preis zahlen, besonders nicht den Preis des unangenehmen Auffallens.

Und das ist die wichtigste Botschaft in diesem Kapitel. Sie haben viele Wahlmöglichkeiten und zwar jeden Tag aufs Neue. Sie können jeden Tag, in jeder Situation neu wählen.

Genau das haben die meisten Menschen vergessen, ihre Wahlfreiheit. Viele glauben, dass sie jeden Tag müssen. Wenn Sie aber Tag für Tag so leben, wie Sie leben, weil Sie glauben, keine Wahl zu haben, dann besteht die Gefahr, dass Sie krank werden. Vorher jedoch werden Sie unzufrieden, eventuell auch unglücklich.

Vor einigen Jahren hatte ich beschlossen, ein Jahr lang jeden Tag um fünf Uhr morgens aufzustehen, damit ich um sechs Uhr früh am Schreibtisch saß. Ich wollte sehen, ob ich dabei mehr erledigt bekomme. Gleichzeitig wollte ich wissen, ob ich tatsächlich ein Abendmensch bin und deshalb morgens gar nicht sehr viel schaffen würde. Es war ein Selbstversuch.

In den ersten Wochen war das sehr spannend und diese Spannung machte es mir leicht, dabei zu bleiben. Irgendwann wurde es schwieriger, wie immer kommt nach einer Hochphase des Neuen und Unbekannten eine Tiefphase der Prüfung. Bleibe ich dran oder höre ich einfach wieder damit auf?

Wenn man um fünf Uhr früh aufsteht, dann ist man dabei meistens allein. Das heißt Oliver, mein Partner, schlief ganz entspannt weiter. Jetzt kann man sehr leise aufstehen und mit möglichst wenig Lärm in Richtung Bad gehen oder auch nicht. Irgendwann fiel mir auf, dass mein Weg zum Bad geräuschmäßig dem einer Horde Elefanten gleichkam. Ich machte richtig Lärm dabei. Es überraschte mich etwas, denn normalerweise bin ich ein rücksichtsvoller Mensch und grundsätzlich eher leise, wenn ich mich durch die Wohnung bewege. Warum ließ ich dann die Schlafzimmertür absichtlich ins Schloss fallen und rumpelte kurz gegen die Badzimmertür?

Ich ärgerte mich. Ich ärgerte mich kolossal darüber, dass Oliver weiterschlafen durfte und ich nicht. Ich musste aufstehen. Moment mal, warum „musste" ich aufstehen? Weil ich um sechs Uhr am Schreibtisch sitzen musste? Nein, ganz sicher nicht. Ich saß um sechs Uhr am Schreibtisch, weil ich das so entschieden hatte. Es war meine freie Wahl. Ich war neidisch, dass Oliver noch schlafen konnte und ich nicht. Ich war unfair, obwohl das frühe Aufstehen meine Entscheidung war, mein Selbstversuch. Ich hätte sofort zurückgehen und weiterschlafen können. Das wollte ich aber nicht. Somit bestand auch kein Grund, neidisch zu sein. Von diesem Tag an glich mein Weg ins Bad wieder dem einer schwebenden Libelle.

Ich bekomme immer wieder einmal einen Anflug von Neid, wenn ich merke, dass ich gerade in diesem Moment mehr tue als Oliver oder eine Freundin oder Nick, mein Sohn, der oft Semesterferien hat. Aber es ist meine Entscheidung und ich kann jeden Moment damit aufhören.

Die Freiheit

Wenn wir uns unserer unglaublichen Freiheit bewusst werden, die wir haben, indem wir uns jeden Morgen, jeden Abend, sogar jeden Moment neu entscheiden können, das, was wir gerade tun, weiter zu tun oder eben damit aufzuhören, dann sind wir wirklich echte Schattenspringer.

Im Alltag ist uns das oft nicht mehr bewusst. Sie wissen ja bereits, dass ich gerne fernsehe. Vor Kurzem sah ich in einem Film eine Frau, die seit ungefähr zwanzig Jahren bei der Navy ihren Dienst versah. Nun wurde ihr ein lukratives Angebot unterbreitet, in die Privatwirtschaft zu wechseln. Sie wusste nicht, wie sie sich entscheiden sollte. Der Vorschlag beinhaltete verlockende Konditionen, ein sehr großzügiges Gehalt, eine spannende Aufgabe, die Möglichkeit, interessante Menschen kennenzulernen und die Freiheit, den Tag selbstständig, ohne Vorschriften und Regeln zu gestalten. Und genau davor hatte sie am meisten Angst. Als sie das Angebot mit ihrem Partner besprach, meinte sie: *„Zwanzig Jahre lang war mein Leben in einer geordneten Bahn. Ich wusste, wann ich Dienst hatte, ich hatte meine Befehle und wusste, was ich zu tun hatte. Die Navy hat mir einen sicheren Rahmen geboten. Ich habe Angst, ihn zu verlassen.“*

Sie, liebe Leserinnen und Leser, sind sicherlich nicht bei der Navy und trotzdem hindern Sie ähnliche Gründe, über Ihren Schatten zu springen. Es gibt viele Möglichkeiten „eines sicheren Rahmens“. Das kann Ihr aktueller Arbeitsvertrag sein oder auch Ihr Trauschein oder es können die Ansprüche sein, die Ihre Kinder an Sie stellen. Es ist gut, zu wissen, dass die Kinder morgens in die Schule müssen, dass es wichtig ist, dass sie drei Mahlzeiten brauchen und dass die Hausaufgaben überwacht werden müssen und frische Kleidung im Schrank parat sein muss sowie dass Sie morgens um neun Uhr im Büro sein sollen und bis vierzehn Uhr bleiben. Es hilft Ihnen sicherlich, dass jeden Monat die Miete bezahlt werden muss, dass das Auto jeden Samstag in die Waschanlage sollte, dass Sie einmal im Monat mit Ihrem Partner zum Großeinkauf unterwegs sind und dass ein regelmäßiger Besuch bei Ihren Eltern und den Schwiegereltern Sie Ihre Zeit sinnvoll verbringen lässt. Das gibt Ihnen die gleiche Sicherheit wie die Navy der Hauptdarstellerin im obengenannten Film gab.

Und das ist gut so. Ihre Familie und auch Sie haben das

verdient. Schwierig wird es nur, wenn Sie nicht mehr glücklich sind. Wenn Sie anfangen, auf andere „neidisch" zu sein, Tag für Tag unzufriedener werden, vielleicht bis hin zur Krankheit, Streits anfangen, Ihren Chef, Ihren Lebenspartner oder andere Familienangehörige dafür verantwortlich machen, dann sind die Umstände, die Ihnen bisher Sicherheit gegeben haben, plötzlich eher ein Gefängnis als ein roter Faden für Ihr Leben. Zwischen der Entscheidung „ich bleibe da, wo ich bin" oder „ich lasse alles liegen und gehe" gibt es viele unterschiedliche Möglichkeiten. Diese Möglichkeiten werden Sie wieder erkennen, wenn Sie sich der größten aller Möglichkeiten bewusst werden, nämlich der, dass Sie freiwillig da sind, wo Sie gerade sind. Das bedeutet, Sie können jederzeit gehen und alles stehen und liegen lassen. Sie werden genauso wie jetzt einen Preis dafür bezahlen, nur eben einen anderen.

Denken wir das Undenkbare: Sie verlassen Lebenspartner, Kinder und den sicheren Job – jetzt sofort. Was ist der Preis? Ich habe diese Gedankenspiele öfter in meinem Leben gespielt. Erstaunlicherweise wusste ich in diesen Momenten sehr schnell, welche Preise ich nicht mehr bereit war zu bezahlen. Das war schon einmal ein Ausgangspunkt, um herauszufinden, was ich wollte und welcher Preis für mich in Ordnung war. Denn gleichzeitig stellte ich schnell fest, was ich von all den Dingen, die ich als „alltäglichen Lebensablauf" bezeichne, nicht mehr haben wollte. Ich sah die Einzelheiten meines gesamten Alltags wieder. Ich konnte jedes Bild vom anderen trennen und einzeln bewerten, um dann zu sagen, dieses oder jenes möchte ich nicht mehr.

Wir zahlen oft einen sehr hohen Preis dafür, dass wir in einer uns bekannten Situation bleiben, ja, geradezu verharren können. Oft sind wir uns sogar der Höhe dieses Preises voll bewusst. Aber die Angst, dass der Preis, den wir bezahlen müssen, noch viel höher und vor allem vollkommen unbekannt ist, ist größer als unser Mut, etwas Neues zu versuchen.

In jüngeren Jahren arbeitete ich in einer Firma, deren Chef sehr cholerisch war. Er stand oft vor mir und brüllte mich laut und anhaltend an. Ich hatte damals, aufgrund schlimmer Erfahrungen aus meiner Kindheit, unglaubliche Angst vor brüllenden Menschen. So wurde ich immer kleiner und kleiner. Ich fing an, mich soweit wie möglich in der Firma unsichtbar zu machen. Gleichzeitig lähmte mich meine Angst, einen Fehler zu begehen, denn ein Fehler hätte unweigerlich einen lauten Ausbruch verursacht. Ich war so damit beschäftigt, nicht aufzufallen und keine Fehler zu machen, dass ich zum einen kaum mehr zum Arbeiten kam und zum anderen natürlich viele Fehler machte. Ich bekam Angst davor, in die Arbeit zu gehen. Am Ende hatte ich so große Angst, meine Wohnung zu verlassen und in die Firma zu fahren, dass ich mich regelmäßig übergeben musste. Es war eine unglaubliche Tortur. Damit es kein Missverständnis gibt, mein damaliger Chef war kein Unmensch oder ein böser Mensch, er war Choleriker. Wenn er morgens einen Anfall bekam, kam es oft vor, dass er dann am Nachmittag um meinen Schreibtisch strich und beiläufig erzählte, dass er am Morgen Magenschmerzen oder Kummer mit einem unserer Großkunden gehabt hatte. Ich erkannte mit der Zeit, dass das seine Art war, sich zu entschuldigen. Doch das löste mein Problem nicht. Bis zu dem Tag, an dem ich beschloss, nicht mehr leiden zu wollen. Mir war aufgefallen, dass er zwar grundsätzlich schnell sehr laut wurde, aber sich in Gegenwart von Kunden doch, im Verhältnis gesehen, relativ gut zurückhalten konnte. Auch bestimmten Mitarbeitern gegenüber war er weniger heftig. Also musste seine Art mir gegenüber etwas mit mir zu tun haben. Ich war ein „leichtes" Opfer. Deshalb entschied ich, nachdem ich mich gerade wieder übergeben und das Gefühl hatte, es einfach nicht mehr zu schaffen, in die Arbeit zu fahren: Jetzt ist Schluss, ich lasse mich nicht mehr anbrüllen! In diesem Moment dachte ich zum ersten Mal, dass nichts schlimmer sein konnte, nicht einmal der Verlust des Arbeitsplatzes, als dieses Gebrüll.

Es kam, wie es kommen musste. Ich war vielleicht eine Stunde an meinem Arbeitsplatz und versuchte, nicht darauf zu achten, ob ich seine Stimme vernahm, ob sein Tonfall ruhig war, ob ich eine Tür ins Schloss fallen hörte oder seinen verärgerten beschleunigten Schritt auf dem Flur. Ich bemühte mich einfach, meine Arbeit zu machen. Plötzlich hörte ich ihn im Gang auf mein Büro zulaufen, zackig bog er um die Kurve, direkt in mein Büro, blieb an der Tür stehen und brüllte los. Etwas brach in mir, ich stand auf und brüllte zurück, dass ich die Nase voll hätte und warf sämtliche Gegenstände, die sich auf meinem Schreibtisch befanden, Locher, Heftzange, Stifte, Schere in seine Richtung. Abrupt war er still, sah mich vollständig verblüfft an, drehte sich auf dem Absatz um und verließ mein Büro. Wenn ich es richtig verstanden habe, murmelte er so etwas wie: „Die Graupner spinnt …"

Zitternd setzte ich mich wieder hin und brauchte einige Minuten, um mich zu beruhigen – er hat mich nie wieder so angebrüllt. Da er grundsätzlich nicht der Leiseste war, gab es sicherlich Momente, in denen er wieder lauter wurde, aber nie wieder so wie vor meinem Ausbruch. Mit der Zeit schaffte ich es, wenn die Gefahr bestand, dass es wieder kippen könnte, „Stopp" zu sagen, was er auch akzeptierte.

Doch was noch viel überraschender für mich war, waren meine Gefühle, meine Erleichterung, dass dieses Gebrüll aufhörte. Es gibt dieses Bild von dem Mühlstein, der einem vom Herzen fällt, und der Druck dann vorbei ist. Ich spürte eine unglaubliche Erleichterung, das morgendliche Erbrechen hörte sofort auf und ich blieb noch einige Jahre in dem Unternehmen. Noch Tage und Wochen danach, wenn ich über die Vergangenheit nachdachte, erschütterte mich am meisten, wie lange ich es ausgehalten habe, wie sehr es zur Gewohnheit geworden war, zu leiden und wie wenig nötig gewesen war, um die Situation zu ändern. Das ist auch heute immer noch meine größte Überraschung, wenn ich mich entschließe, einen bestimmten Preis nicht mehr zu bezahlen, wie stark sich mein Leben ändert, wenn mir sozusagen die Last von den Schultern fällt und der Druck weg ist. Dabei stelle ich mir immer wieder die Frage: „Warum hast du das nicht schon sehr viel früher gemacht?"

Wir verzichten nur auf so viel gute Lebensqualität, weil wir nicht bereit sind, den Preis des Unbekannten zu zahlen. Kann es wirklich sehr viel schlimmer werden oder setzen wir „schlimmer" nur mit dem Begriff „unbekannter" gleich? Aber „unbekannter" ist nicht gleich „schlimmer". Ein weiterer Grund, warum wir oft viel zu lange den „falschen" Preis bezahlen, ist, dass sich Situationen meistens schleichend zum Negativen verändern. Durch die mikrokleinen Schritte, in denen eine Partnerschaft zur Belastung, ein Arbeitsplatz zur Strapaze, ein Zustand, in dem wir uns befinden, zur Bürde wird oder ein Familienmitglied uns immer mehr unter Druck setzt, merken wir oft erst recht spät, wie weit wir diesen unhaltbaren Zustand bereits in unser Leben integriert haben. Ja, wie sehr wir bereits alle unsere natürlichen Bedürfnisse fein säuberlich darum herum gebaut haben. Auch mir passiert das noch. Doch was sich im Laufe der Jahre geändert hat, ist, dass ich viel schneller eine Entscheidung fälle, wenn mir der Druck bewusst wird. Ich entscheide schneller, klarer und entschlossener, ob ich weiterhin bereit bin, den Preis zu bezahlen oder ob ich von meinem Recht Gebrauch mache, dass ich jeden Tag wieder neu entscheiden darf, dass ich die Wahlfreiheit habe.

Der beste Ratgeber …

Vor einigen Jahren habe ich einen sehr guten Ratgeber gefunden. Er zählt zu den teuersten und besten Ratgebern, die es meiner Meinung nach auf der Welt gibt. Gerne stelle ich Ihnen diesen vor und wenn Sie ihn brauchen, nutzen Sie ihn einfach. Ich teile ihn sehr gerne mit Ihnen. Ich habe ihn durch eine Geschichte kennengelernt und erzähle Ihnen diese Geschichte gerne so, wie ich sie in Erinnerung habe.

Stellen Sie sich einfach vor, Sie könnten über den besten und teuersten Ratgeber der Welt verfügen. Jeder Rat, den er Ihnen gäbe, wäre richtig und sinnvoll. Er wäre die allerbeste Lösung für Sie als Ratsuchenden. Angenommen, Sie könnten diesen Ratgeber für sich nutzen, ohne dass Sie ihn bezahlen müssten, er stünde Ihnen als Geschenk zur Verfügung, würden Sie ihn dann nutzen?

Die meisten, die dieses Angebot bekommen und gerade vor einer wichtigen Entscheidung stehen, nehmen das Angebot an. Sie auch?

Nun, dann habe ich eine gute Nachricht für Sie, Sie haben diesen Ratgeber bereits. Er sitzt als schwarzer Vogel auf Ihrer Schulter und sein Name ist „Tod“. Der Tod ist der teuerste Ratgeber der Welt, er kostet das Leben. Und angenommen, Sie wissen, dass Sie in sechs Monaten sterben werden, wie würden Sie dann in Ihrem speziellen Problemfall entscheiden?

Würden Sie dennoch mit Ihrem Nachbarn eine Gerichtsverhandlung anstreben?

Würden Sie das Haus trotzdem kaufen?

Würden Sie die letzten sechs Monate Ihres Lebens mit dem Lebenspartner verbringen, den Sie heute an Ihrer Seite haben?

Würden Sie dann noch Mathematik studieren oder doch lieber einige Geheimnisse aus der Tiermedizin erfahren wollen?

Sie können die Frage natürlich auch andersherum stellen: Würden Sie sich jedenfalls von Ihrem Lebenspartner trennen wollen?

Nun argumentieren Sie vielleicht, dass mein Ratgeber bei Ihnen nicht funktioniert, weil Sie gesund und munter sind und sich auch in sechs Monaten noch des Lebens erfreuen werden. Wer sagt das? Woher wissen Sie das? Niemand von uns weiß, wann sein Leben zu Ende sein wird. Ich hoffe für jede und jeden von Ihnen, dass dieser Tag erst kommt, wenn Sie bei guter Gesundheit und wachem Verstand kurz vor Ihrem hundertsten Geburtstag sind, aber sicher können wir uns nie sein. Wir könnten einen Herzinfarkt bekommen, mit dem Auto verunglücken, einen Fehler beim Bergsteigen machen, das Sicherungsnetz für die Katze am Balkon anbringen und abrutschen und vieles mehr.

Jeder Tag, den wir leben, ist der erste Tag vom Rest unseres Lebens. Genießen Sie ihn und genießen Sie ihn jeden Tag aufs Neue. Wenn ich mir einen Rat von diesem kleinen schwarzen Vogel auf meiner Schulter hole, passe ich den Zeitraum „meines" restlichen Lebens an die Dauer der Herausforderung an.

Wenn ich mir also die Frage stelle, ob ich noch ein Psychologiestudium beginnen soll oder eine neue Fremdsprache erlerne, um vielleicht in einem anderssprachigen Land meine Vorträge zu halten, und ich könnte mich nicht entscheiden, würde meine Frage lauten: „Wenn ich jetzt noch fünf Jahre zu leben hatte, würde ich dann …?"

Es macht sicherlich keinen Sinn, diesen teuren Ratgeber ständig zurate zu ziehen, ich glaube, das würde uns eher depressiv werden lassen, aber bei sehr wichtigen Entscheidungen hilft er uns wirklich enorm. Ich habe ihn zum Beispiel zurate gezogen, wenn es darum ging, ob ich mich von einem Lebenspartner trenne. Würde ich die restliche Zeit, die ich noch habe, mit diesem Partner verbringen wollen? Beide

Antworten sind schon dabei herausgekommen: „Ja", dann habe ich wirklich alles dafür getan, dass diese Beziehung wieder voller Lebensqualität war, oder „nein", dann habe ich die nötigen Schritte für eine Trennung unternommen.

Erinnern Sie sich noch an meine Geschichte mit den Hunden und den Schafen? Fünfzig bis hundert Schafe grasen friedlich auf einer Wiese nur von einem Weidenetz gehalten. Obwohl sie gerne laufen und das auch über weite Strecken, und jederzeit die Möglichkeit haben, das Netz niederzutreten, tun sie dies nicht, weil sie sich vor diesem Netz beziehungsweise vor den Stromschlägen, die zwar harmlos, aber unangenehm sind, fürchten. Bis zu dem Moment, in dem meine Hunde kommen, jetzt ist die Angst vor meinen Hunden sehr viel größer als vor Piksern vom Zaun. Und sie rennen beinahe unhaltbar los. Was muss in Ihrem Leben passieren, damit Sie konstant von Ihrem Wahlrecht Gebrauch machen?

Eine schnellere Möglichkeit, um herauszufinden, was die Menschen wirklich wollen und wofür sie tatsächlich bereit sind, den Preis zu zahlen, stellt der Psychologe Gerd Gigerenzer, Direktor am Max-Planck-Institut für Bildungsforschung in Berlin vor. Seine Meinung ist: *„Werfen Sie eine Münze …"*[13] Vielleicht meinen Sie jetzt: *„Unseriös, wir sind ja nicht bei den Glücksspielern. Es geht schließlich um mein Leben."* Nun, Gigerenzer meint dazu weiter: *„… und während die sich noch in der Luft dreht, spüren Sie, was das Ergebnis sein soll. Dann spielt es schon keine Rolle mehr, ob gleich Kopf oder Zahl oben liegt. Das Herz hat seine Gründe, die der Verstand nicht kennt."* Und sollte Ihr Herz mal etwas langsamer sein, dann wissen Sie spätestens, wenn die Münze landet, wie Ihre Entscheidung lautet. Nein, nicht weil Kopf für die Entscheidung A stand, sondern an Ihrem allerersten Gefühlsimpuls, sobald die Kopf- oder Zahl-Seite sichtbar wird. Wenn Kopf für die A-Entscheidung stand und Ihr erster Impuls ist Freude, dann ist alles klar, ist Ihr erster Impuls dagegen Enttäuschung, ist auch alles klar, dann ist die B-Entscheidung, für die die Zahl-Seite stand, die Entscheidung, für die Sie bereit sind, Ihren Preis zu bezahlen. Ich nutze das gerne, wenn es um schnelle alltägliche Entscheidungen geht und ich einfach eine Bestätigung brauche. Es ist eine kleine Absicherung, dass ich das Richtige tue.

Angenommen, Sie haben die Wahl zwischen Urlaub am Meer und Urlaub in den Bergen. Seien wir ehrlich, im Grunde unseres Herzens wissen wir sofort, welche Entscheidung wir treffen wollen. Nehmen wir an „Urlaub in den Bergen", aber das bedeutet vielleicht, dass unser Partner das Gesicht verzieht und meckert. Oder uns fällt ein, dass wir vor Kurzem in einem Gespräch mit Freunden darüber diskutiert haben, dass die vielen Menschen, die im Sommer in Massen die Berge stürmen, schlecht für die Natur sind und jetzt haben wir ein schlechtes Gewissen. Oder wir wissen, dass der Urlaub in den Bergen uns etwas mehr kosten wird als am Meer, wir also auf etwas anderes dafür verzichten oder eine Hotelkategorie einfacher buchen müssen. Dieses „ich kann mich nicht entscheiden" ist meistens dann gegeben, wenn unser Herzenswunsch „Urlaub in den Bergen" mit einem kleinen Nadelstich versehen ist. Wir wissen zwar, was wir wollen, aber wir sind uns nicht ganz sicher, ob es uns den „Preis" dafür wirklich wert ist.

Vielleicht sind Sie deshalb ein Freund von Pro- und Kontra-Listen oder Sie berechnen Wahrscheinlichkeiten oder bewerten mögliche Konsequenzen. Das sind bewährte Methoden. All diese Entscheidungshilfen benutzen wir, um unsere Herzensentscheidung mit dem Verstand zu begründen. Und ja, manchmal gewinnt dann der Verstand und wir entscheiden uns für „Urlaub am Meer", weil wir nicht bereit sind, den Preis für Urlaub in den Bergen zu bezahlen, entweder weil er uns zu hoch ist, unser Lebenspartner uns damit droht, nicht mitzufahren oder weil wir nicht genau wissen, wie unser Lebenspartner darauf reagieren wird und wir Angst vor dem unbekannten Preis haben. Das ist vollkommen in Ordnung, solange wir unseren Urlaub am Meer genießen und uns darüber bewusst sind, warum wir das Meer gewählt haben: nicht, weil unser Lebenspartner das so entschieden hat, sondern weil wir den wahren Preis nicht bezahlen wollten.

Egal, wie Sie zu einer Entscheidung kommen, entweder durch die Befragung des teuersten Ratgebers der Welt oder indem Sie eine Münze werfen oder weil Sie eine Pro- und Kontra-Liste erstellt haben: Finden Sie heraus, warum Sie das tun, was Sie tun. Schattenspringer gehen so offen und ehrlich wie möglich mit sich um und tragen dann die Verantwortung für ihre Entscheidung.

Oder mit den Worten von Neale Donald Walsch, US-Autor und Coach: „*Es gibt keinen Zeitpunkt im Leben, zu dem Sie keine Wahl haben. Nie. Und wenn Sie doch das Gefühl haben: Alles Ausreden.*"

Vor einiger Zeit wurde ich in einem Interview gefragt, was das Wichtigste sei, das man Kindern als Eltern mit auf den Weg geben sollte. Ich habe einige Zeit darüber nachgedacht und dann Folgendes geantwortet: „*Das Wichtigste, was man allen Menschen auf den Weg mitgeben sollte, ist, ihnen bewusst zu machen, dass sie für jede einzelne ihrer Handlungen die Verantwortung tragen und dass sie dadurch die Freiheit haben, über jede Handlung frei zu entscheiden. Unsere Zukunft – im Positiven wie im Negativen – ist das Ergebnis unserer Entscheidungen von heute. So oder so!*

Entscheiden Sie ein Schattenspringer zu sein und springen Sie!

DAS WORT ZUM SCHLUSS

Gerade als ich diese letzten Worte zu diesem Buch schreibe, macht eine Marketingkampagne in Zeitschriften, Zeitungen und Internet von sich reden: *„Umparken im Kopf"*. Es ist zum einen eine Imagekampagne für Opel und zum anderen eine Kampagne gegen Vorurteile.

Eine der Aussagen dieser Aktion lautet: *„Denn die Welt ist manchmal anders, als wir denken. Wer von Zeit zu Zeit die Bilder in seinem Kopf überprüft, hat viel zu entdecken."*

Schattenspringer leben diese Worte. Schattenspringer glauben daran, dass sie die Möglichkeit haben, ihre Wünsche und Träume umzusetzen. Sie wissen, dass sie ganz allein für ihren Weg und ihr Schicksal verantwortlich sind. Springen Sie über sich hinaus!

Sie sind eine Schattenspringerin oder ein Schattenspringer, sonst hätten Sie nicht bis hierher gelesen. Dieses Buch ist wie ein Feinkostladen mit einer großen Theke, in der es viele feine Leckereien gibt. Wenn Sie vor dieser Theke stehen, sehen Sie links eine Reihe von bekannten Spezialitäten, die Sie schon lange gerne kaufen und genießen. Und Sie nehmen wieder einige dieser Leckereien in Ihr Leben mit. In der Mitte der Theke liegen Spezialitäten, die Sie zwar bis heute noch nicht gekauft haben, die aber sehr appetitlich aussehen und bei denen Sie das Gefühl haben, kein allzu großes Risiko einzugehen, wenn Sie sich dazu entschließen, sie zu kaufen und zu probieren. Also werden Sie sicherlich auch davon einige mitnehmen. Und dann ist da noch die rechte Seite der Spezialitätentheke, in der Spezialitäten liegen, die Sie vorher noch nie gesehen haben, die auch etwas ungewöhnlich aussehen. Sie sind mit keinem der Schmankerl zu vergleichen, die Sie bereits kennen. Sie befürchten ein bisschen, dass sie Ihnen nicht schmecken werden. Es wäre sehr mutig, davon zu probieren. Doch wenn Sie sich als Schattenspringer trauen, genau aus dieser Ecke der Theke viele Angebotsstückchen einzukaufen, dann wird sich wirklich etwas in Ihrem Leben verändern! Dann werden Sie stärker, erfolgreicher und zufriedener werden. Springen Sie über Ihren Schatten und probieren Sie die unbekannten, im ersten Moment unmöglich erscheinenden Tipps und Techniken aus. Parken Sie im Kopf um, von der Ecke „unmöglich" oder „das kann ich nicht" in die Ecke „das ist möglich" oder sogar in die Ecke „ich schaffe das".

Nach dem ersten Schritt, eine der neuen Empfehlungen dieses Buchs auszuprobieren, kommt der nächste Schritt, der noch etwas wichtiger ist: Bleiben Sie dran, üben Sie. Mehr noch – üben Sie, üben Sie, üben Sie!

Schattenspringer schaffen die Gratwanderung zwischen etwas Neues zu tun und lange genug dranzubleiben. Diese Gratwanderung ist nicht immer einfach. Doch so wie eine Blume noch keinen Frühling macht, verändert einmal etwas anderes getan zu haben als bisher, noch nicht das eigene Leben oder die eigene Situation. Wer im Leben etwas verändern will, mehr Lebensqualität möchte, braucht die Wiederholung und das Durchhaltevermögen. Machen Sie aus Ihren neuen Erkenntnissen auch neue Gewohnheiten. Und wenn Sie bemerken, dass Sie wieder in eine alte Bahn zurückgefallen sind, loben Sie sich, dass Sie es bemerkt haben und machen genau da weiter, wo Sie herausgefallen sind.

Wenn Sie zum Beispiel kritisiert wurden und vor diesem Buch sofort in den Erklärungs- oder Rechtfertigungsmodus getreten sind, das aber jetzt ändern wollen und sich genau dabei wieder ertappen, dann loben Sie sich und hören genau in dem Moment damit auf. Sie setzen stattdessen zu einer Entschuldigung an, wenn es Sinn macht oder fahren mit Hinweisen fort, die zeigen, wie Sie das Gewünschte in Zukunft schaffen werden.

In den meisten Fällen haben wir uns unsere Reaktionen schon vor ein paar Jahren angewöhnt, sie jetzt zu verändern, braucht seine Zeit und es kann uns auch danach immer wieder passieren „rückfällig" zu werden. Das ist in Ordnung. Wichtig ist nur, dass Sie dranbleiben. Entwickeln Sie ein Bewusstsein für das, was Sie tun und korrigieren Sie ständig Ihren Kurs, bis Sie da sind, wo Sie aus freiem Willen und voller Elan hinwollten.

Mein allerwichtigster Leitsatz ist: *„Sie haben nur das eine Leben – nutzen Sie es."* Alles, was Sie erreichen möchten, alles, was Ihnen wichtig ist und alles, was Sie noch persönlich erleben wollen – sollten Sie in diesem Leben machen.

Wir werden zwar immer älter, aber wir haben immer weniger Zeit. Es begegnen uns dermaßen viele Sonderangebote des Lebens, dass wir oft von einem Punkt zum nächsten hetzen und gar nicht merken, wie wir die Dinge, die uns wirklich wichtig sind, aus den Augen verlieren. Wobei nur Sie allein entscheiden, was das ist, was Ihnen „wichtig" erscheint. Ob das höher, größer oder schneller ist oder tiefer, intensiver oder ernsthafter, entscheiden ganz allein Sie.

Nichts, was Sie bisher getan oder entschieden haben, war falsch. Es war die für Sie nötige Vorbereitung auf die nächsten Schritte. Ja, Sie haben recht, manches hätten Sie besser, schneller, einfacher oder anders machen können, aber damals war Ihnen das nicht so bewusst wie heute. Wir sind alle hinterher mit der gerade erlebten Erfahrung schlauer, aber es ist müßig, dem nachzutrauern. Ihr Weg sollte eben genauso verlaufen, wie er verlief. Und jetzt geht es weiter, mit neuem Mut und neuen Erkenntnissen.

Wenn Sie sich an die allerersten Zeilen der Einleitung noch erinnern – meine Kindheit war nicht leicht. Vor einigen Jahren bin ich zu meiner leiblichen Mutter gefahren und habe mich bei ihr bedankt. Ja, meine Kindheit war nicht leicht, ja, ich habe viel gelitten und schlimme Dinge erlebt. Aber es ist die Grundlage für das, was ich heute bin und ich bin glücklich über das, was ich bin, ich freue mich über die Dinge, die ich erreicht habe. Dass es auch anders, leichter und einfacher möglich gewesen wäre, ist eine andere Sache. Es war, wie es ist und es ist gut so!

ANHANG

Danksagung

Ein Buch schreibt man nie ganz alleine. Auch ich brauchte Menschen, die mich dabei unterstützten, ob als Sparringspartner, um die Logik von Gedanken zu prüfen oder zur Kontrolle, ob eine Geschichte auch für den Leser nachvollziehbar ist und nicht nur für mich.

Deshalb danke ich ganz herzlich als erstes meinem intensivsten Sparringspartner Oliver. Nicht nur, dass er ausführlich mit mir diskutierte, er musste auch meine Launen aushalten, wenn mir seine Antwort oder Meinung nicht gefiel. Überhaupt beinhaltet das Schreiben eines Buches für die Umwelt oft eine schlechtgelaunte Autorin. „Liebling, danke, dass Du so ein dickes Fell hast."

Ein weiteres Dankeschön geht an meine Mastermind-Gruppe, die mich immer motiviert und unterstützt hat, wenn ich sie darum gebeten habe.

Auch viele Freunde standen mir mit ihrer Erfahrung und ihrem Wissen zur Verfügung, hier in alphabetischer Reihenfolge:

Arno Fischbacher, Elisabeth Motsch Christoph Rach, Gabriele Rittinghaus, Michael Rossié, Bernd Rothfuß, Ingrid Rothfuß und Christiane Schmitz

Dankeschön auch an Oliver Gorus und sein Team, die mir bei der Titelfindung erfolgreich zur Seite standen, sowie Thilo Baum, der eine Statistik ins rechte Licht rückte.

Ein besonderes Dankeschön geht noch an Ruth Sixt, die meinen Kriegsfuß mit Rechtschreibung und

Grammatikregeln immer still und leise beilegt und an meine Lektorin Verena Minoggio-Weixlbaumer für ihre Geduld und ihre wertvollen Anmerkungen. Das war der Schliff, den das Buch noch brauchte.

Doch was wäre ich ohne meine Kinder. Sie sind meine größten Lehrer und es gäbe viele Geschichten überhaupt nicht, wenn ich sie nicht hätte und über sie schreiben dürfte. „Jenny, Tom und Nick, ich habe Euch sehr lieb“.

Quellen- und Literaturverzeichnis

Arnold, Frank: Management – Von den Besten lernen. Carl Hanser Verlag GmbH & Co. KG, 2. Auflage (2012)

Brandes, Dieter: Konsequent einfach: Die Aldi-Erfolgsstory. Campus Verlag, 4. Aufl. (1998)

Canfield, Jack: Hühnersuppe für die Seele. Geschichten, die das Herz erwärmen. Verschiedene Bände. Goldmann Verlag (ab 1996)

Carnegie, Dale: Sorge dich nicht – lebe! Die Kunst, zu einem von Ängsten und Aufregungen befreiten Leben zu finden. Fischer Taschenbuch, 4. Aufl. (2011)

Cialdini, Robert B.: Die Psychologie des Überzeugens: Wie Sie sich selbst und Ihren Mitmenschen auf die Schliche kommen. Huber, 7. Aufl. (2013)

Deutscher, Guy: Im Spiegel der Sprache: Warum die Welt in anderen Sprachen anders aussieht. Deutscher Taschenbuch Verlag (2012)

Gladwell, Malcolm: Überflieger: Warum manche Menschen erfolgreich sind – und andere nicht. Piper Taschenbuch, 4. Aufl. (2010)

Hermanutz, Max/Litzcke, Sven Max/Kroll, Ottmar/Adler, Frank: Polizeiliche Vernehmung und Glaubhaftigkeit: Trainingsleitfaden. Boorberg, R. Verlag, 2. Aufl. (2008)

Hill, Napoleon: Think And Grow Rich. Wilder Publications (2008)

http://karrierebibel.de

Löhken, Sylvia: Leise Menschen – starke Wirkung: Wie Sie Präsenz zeigen und Gehör finden. Gabal, 8. Aufl. (2012)

Pennebaker, James W.: The Secret Life of Pronouns: What Our Words Say about Us. Bloomsbury; (2013)

Shenk, David: Das Genie in uns: Neue Erkenntnisse über Begabung und Intelligenz. Hoffmann und Campe (2012)

Scholten Daniel, Belles Lettres: Deutsch für Dichter und Denker. (Podcast). www.belleslettres.eu

Wiseman, Richard: Rip It Up. The radically new approach to changing your life. Pan Macmillan (2013)

Weitzman, Martin: The share economy: Conquering Stagflation. Reprint, Harvard Publication Press, (1984)
Zeigarnik, Bluma Wulfowna: Das Behalten erledigter und unerledigter Handlungen. Psychologische Forschung 9, 1–85, elektronische Fassung (1927)
www.belleslettres.eu
www.stiftung-zuhoeren.de

Anmerkungen

1. Wissenschaftlicher Mitarbeiter in der Infrastruktureinrichtung Sozio-oekonomisches Panel (SOEP) am DIW Berlin
2. Ichmalwieder – Chatroom Yahoo clever – 30. 6. 2006
3. Zeit Wissen 6/2012
4. Loriot, Die Bundestagsrede Lyrics: www.gugalyrics.com/lyrics-1329477/loriot-die-bundestagsrede.html
5. Hartmut Tölle, Rechenschaftsbericht, anlässlich der 4. ordentlichen DGB-Bezirkskonferenz am 8. Februar 2014 in Hannover
6. https://de.answers.yahoo.com/question/index?qid=20110208081039AADi6Ln
7. Psychological Bulletin Copyright 2004 by the American Psychological Association 2004, Vol. 130, No. 3, 355–391 0033-2909/04/$12.00 DOI: 10.1037/0033-2909.130.3.355
8. Acute Stressors and Cortisol Responses: A Theoretical Integration and Synthesis of Laboratory Research Sally S. Dickerson and Margaret E. Kemeny University of California, Los Angeles
9. www.fr-online.de/meinung/gastbeitrag-zusammenarbeit-ist-menschlich,1472602,26087868.html. Beitrag ist vom 4. Feb. 2014 Titel: „Zusammenarbeit ist menschlich"
10. www.zeit.de/2010/41/Autoritaet/seite-4; Macht und Mitgefühl. Auch Fußballtrainer buhlen um Autorität. Seite 4/4
11. www.zeit.de/2010/41/Autoritaet, Macht und Mitgefühl. vom 11. Okt. 2010
12. www.hypnose-doktor.de
13. www.ndr.de/nachrichten/entscheidungen155.html; 4. Aug. 2013